Photoshop

从入门到精通 全彩视频版

创锐设计 编著

北京理工大学出版社
BEIJING INSTITUTE OF TECHNOLOGY PRESS

图书在版编目（CIP）数据

Photoshop 从入门到精通：全彩视频版 / 创锐设计

编著 . -- 北京：北京理工大学出版社，2024. 6

ISBN 978-7-5763-4180-5

Ⅰ . TP391.413

中国国家版本馆 CIP 数据核字第 2024H5S664 号

责任编辑： 王晓莉　　　　**文案编辑：** 王晓莉

责任校对： 周瑞红　　　　**责任印制：** 施胜娟

出版发行 / 北京理工大学出版社有限责任公司

社　　址 / 北京市丰台区四合庄路6号

邮　　编 / 100070

电　　话 / （010）68944451（大众售后服务热线）

　　　　　　（010）68912824（大众售后服务热线）

网　　址 / http://www.bitpress.com.cn

版 印 次 / 2024 年 6 月第 1 版第 1 次印刷

印　　刷 / 三河市中晟雅豪印务有限公司

开　　本 / 710 mm×1000 mm　1 / 16

印　　张 / 18

字　　数 / 267 千字

价　　格 / 99.00 元

图书出现印装质量问题，请拨打售后服务热线，负责调换

前 言
PREFACE

Photoshop 是由美国 Adobe 公司开发的一款集图像编辑、图像合成、校色调色及特效制作于一体的图形图像处理软件，依靠出色的功能、灵活的操作方式被广泛应用于平面设计、广告摄影、影像创意、网页制作、界面设计等诸多领域。

随着版本的不断更新升级，新版 Photoshop 在功能及操作的智能化和人性化方面均有很大提升。本书即以新版 Photoshop 为软件平台，从初学者的学习需求出发，由浅入深、全面详尽地解析了软件的各项功能，并通过大量精美而典型的实例将知识点应用到具体操作中，真正做到了理论与实践相结合。

◎内容结构

全书共 13 章。第 1 章和第 2 章讲解 Photoshop 的入门知识和基本操作。第 3 ～ 13 章讲解 Photoshop 的核心功能，包括选区与图层、图像的修饰与绘制、颜色调整、蒙版与通道、图形的创建与编辑、文字的创建与应用、滤镜的应用、动作和批处理、Web 图像和动画制作等。

◎编写特色

★本书提炼了 Photoshop 软件功能和操作的所有重要知识点，并站在初学者的角度以图文并茂、生动直观的方式做详细讲解，让读者能够轻松地自学掌握并灵活应用。在知识点讲解和实例操作解析中还适当穿插了技巧提示，让读者能够进一步开阔眼界、提高效率。

★随书附赠的云空间资料收录了所有知识点和实例的素材、源文件，便于读者按照书中讲解进行实际动手操作，更好地理解和掌握相应技法。

★书中的大部分知识点和实例都配有相应的高清学习视频，学习方式更加方便、灵活。

◎读者对象

本书既适合初学者进行 Photoshop 的入门学习，也适合希望提高 Photoshop 操作水平的相关从业人员参考，还可作为培训机构、大中专院校相关专业的教学辅导用书。

由于编者水平有限，在编写本书的过程中难免有不足之处，恳请广大读者批评指正。读者可加入 QQ 群 111083348 寻求帮助。

编　者

2024年5月

目 录
CONTENTS

第5章

图像的绘制与修饰

第4章

图层的应用

第6章

颜色的调整与应用

第7章

蒙版的应用

第8章

通道的应用

第9章

图形的绘制与编辑

第10章

文字的创建与应用

第 1 章 Photoshop 入门概述

Photoshop 是由 Adobe 公司开发的一款集图像编辑、图像合成、校色调色及特效制作于一体的软件。使用 Photoshop 处理图像前，需要掌握与图像处理相关的基本概念及 Photoshop 的界面构成等，掌握了这些基础知识，才能够更加得心应手地完成作品的设计。

1.1 图像处理基础知识

运用 Photoshop 处理图像前，首先需要掌握一些与图像处理相关的基础知识，如位图和矢量图、像素和分辨率、图像文件的常用格式等。

1.1.1 位图和矢量图

计算机中存储的数字图像分为位图和矢量图两种类型。在 Photoshop 中编辑的图像以位图为主，但 Photoshop 也具备一定的处理矢量图的能力。

素材文件	随书资源 \01\ 素材 \01.jpg、02.psd
最终文件	无

01 位图又称为像素图或点阵图，它以多个像素来记录图像内容，每个像素都被分配了一个特定的位置和颜色值。在 Photoshop 中编辑位图图像时，实际编辑的是像素。将位图放大到一定倍数就可以看到一个个像素点。例如，打开素材文件 01.jpg，将图像放大到 800% 时，效果如图 1-1 所示。位图具有层次丰富而细腻、表现力强等特点，数码相机拍摄得到的照片就是位图。下一小节将进一步介绍像素和分辨率的概念。

图 1-1

02 矢量图又称向量图，它以数学公式定义的直线和曲线来记录图像内容，当用户查看矢量图文件时，计算机再把这些公式转换成图像显示在屏幕上。因此，可以对矢量图进行自由的缩放、移动等操作而不会降低图像质量。例如，打开素材文件02.psd，将图像放大到800%时，效果如图1-2所示。矢量图在标志和插图设计、工程制图等领域有很大优势，其缺点是图像色彩层次较简单，色彩表现（尤其是渐变色）不如位图细腻。

图 1-2

1.1.2 像素和分辨率

像素和分辨率是和位图图像相关的重要概念，是衡量位图图像质量和细节表现力的技术参数。下面分别介绍这两个概念。

01 像素是构成位图图像的最基本单位，它是一种只能存存于计算机中的虚拟单位。通常情况下，一个位图的像素数量越多，所包含的颜色信息就越丰富，效果也更逼真，但图像文件的大小也会相应增加。

02 分辨率是指单位长度内排列的像素数量，是衡量位图图像细节表现力的一个重要因素。分辨率越高，单位长度上可显示的像素点就越多，图像也就越精细。位图图像分辨率的单位通常为"像素/英寸"，英文缩写为ppi。

1.1.3 图像文件的常用格式

文件格式是指为了将信息存储为计算机文件而对信息采用的特殊编码方式。每一种文件格式都会用一个扩展名来标识，应用程序通过扩展名就可以识别不同的文件格式。Photoshop 支持几十种文件格式，其中最为常用的有 PSD、JPEG、TIFF、GIF 等格式。

01 PSD格式是Photoshop默认使用的文件格式，可以存储在Photoshop中创建的所有图层、蒙版、通道、路径、文字等信息，因而占用的存储空间较大。使用Photoshop进行设计时，一般都会将设计文件保存为PSD格式，以便随时打开继续进行设计工作，完成后再利用Photoshop的"存储为"或"导出"功能输出成其他格式文件，应用于网页制作、排版印刷等。

02 JPEG格式利用有损压缩算法，以牺牲一部分图像质量为代价来缩小文件体积。它提供多个压缩比，通常在10∶1～40∶1之间，压缩比越高，得到的图像质量越低，占用的存储空间也越小。用户利用JPEG格式可较灵活地在图像质量和文件大小之间取得平衡。JPEG格式支持RGB、CMYK、灰度这几种颜色模式，而且广泛支持Internet标准，但不支持透明度。

03 TIFF格式是一种灵活的位图图像格式，支持几乎所有的绘画、图像编辑和页面排版应用程序。TIFF格式还支持具有Alpha通道的CMYK、RGB、Lab、索引颜色和灰度图像，以及没有Alpha通道的位图模式图像。

04 GIF格式是一种基于LZW算法的连续色调的图像压缩格式，在WWW等网络服务中使用较广泛。GIF格式支持透明度，但最多只能存储256色的RGB颜色级数。它最大的特色是支持在一个文件中存储多幅彩色图像，将这些图像逐幅读出并显示，就可构成最简单的动画。

1.2 | Photoshop 的工作界面

应用 Photoshop 处理图像前，需要掌握 Photoshop 的界面构成。用户可以根据个人的使用习惯和设计需求对界面中的工具箱、面板等进行设置。

1.2.1 认识 Photoshop 的工作界面

素材文件	随书资源 \01\ 素材 \03.jpg
最终文件	无

启动 Photoshop 应用程序，打开素材文件 03.jpg，可以看到整个工作界面由菜单栏、工具选项栏、工具箱、图像窗口、面板和状态栏等几个重要的部分组成，如图 1-3 所示。

菜单栏

工具箱

状态栏

工具选项栏

面板

图像窗口

图 1-3

1.2.2 认识菜单栏

菜单栏包含文件、编辑、图像、图层、文字、选择、滤镜、3D、视图、窗口和帮助 11 组菜单，在 Photoshop 中能用到的菜单命令都被集中在菜单栏中。在编辑图像时，可以通过单击菜单栏中的菜单项，在展开的子菜单或级联菜单中选择命令，完成图像的编辑。

01 "文件"菜单包含一些处理文件的操作命令，如新建、打开、存储、置入、关闭、打印、导出、批处理等。

02 "编辑"菜单用于对图像进行编辑，包括图像的还原、复制、粘贴、填充、描边、变换、内容识别缩放和定义图案等操作。

03 "图像"菜单用于对图像的常规编辑，包括设置图像颜色模式、更改图像大小、调整图像颜色和明暗等命令。

04 "图层"菜单中的命令主要用于对图层的控制和编辑，包括新建图层、复制图层、删除图层等命令。

05 "文字"菜单主要用于对创建的文字进行调整和编辑，包括文字面板的选项、文字变形、更新与替换字体等。

06 "选择"菜单主要用于对选区进行操作，如取消选区、反选选区、修改选区、变换选区、存储与载入选区等。

07 "滤镜"菜单包含 Photoshop 中所有的滤镜命令，通过执行这些命令，可以创建各种风格的艺术图像。

08 "3D"菜单包含许多针对 3D 对象进行操作的命令，如创建 3D 对象、编辑 3D 对象纹理、导出 3D 图像等。

09 "视图"菜单用于对整个视图进行调整和设置，包括视图的缩放、显示标尺、设置参考线、调整屏幕模式等。

10 "窗口"菜单用于控制面板的显示与隐藏。在"窗口"菜单中选中面板名称，就可以在工作界面中打开该面板，若取消选中，则会隐藏面板。

11 "帮助"菜单能帮助用户解决操作过程中遇到的各种问题。

1.2.3　认识工具箱

工具箱将 Photoshop 的功能以图标的形式聚集在一起，从工具的图标形态和名称就可以清楚地了解各个工具的功能。将鼠标放置在某个工具按钮上，可显示该工具的名称及对应的快捷键。如果右击或长按工具按钮，则会显示该工具组中隐藏的工具。默认情况下工具箱位于工作界面左侧并以单列的形式显示，用户可以根据实际需求，调整工具箱的显示方式和位置。

素材文件	随书资源 \01\ 素材 \04.jpg
最终文件	无

步骤 01 打开素材文件 04.jpg，若要将工具箱以双列方式显示，单击工具箱顶部的双箭头 ，如图 1-4 所示。

步骤 02 单击双箭头后，可以看到原单列显示的工具箱变为双列显示，如图 1-5 所示。

图 1-4

图 1-5

步骤 03 右击或长按右下角带有小三角形图标的工具按钮，就可以展开该工具组中的隐藏工具，如图 1-6 所示。

图 1-6

步骤 04 如果要将工具箱以浮动面板的方式显示，则单击并拖动工具箱顶部的深灰色条，如图 1-7 所示。

图 1-7

1.2.4　认识和管理面板

面板汇集了 Photoshop 操作中常用的选项和功能。"窗口"菜单提供了 20 多种面板命令，通过执行这些命令可以显示或隐藏面板。对于工作界面中显示的面板，还可以对其进行拆分或编组，使面板的组合更符合用户需求。

素材文件	随书资源 \01\ 素材 \05.jpg
最终文件	无

步骤 01 打开素材文件 05.jpg，执行"窗口→字符"菜单命令，打开"字符"面板组，如图 1-8 所示。

图 1-8

步骤 02 将鼠标移到"字符"面板组上方的位置，然后将其标签拖动到图像窗口上方，移出"字符"面板组，如图 1-9 所示。

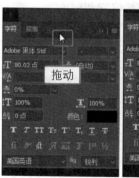

图 1-9

步骤 03 ❶单击"颜色"面板组，将其标签从工作界面中拖出，❷单击面板组右上角的"关闭"按钮，关闭"颜色"面板组，如图 1-10 所示。

图 1-10

步骤 04 ❶将鼠标移到"字符"面板组上方，单击并拖动到"调整"面板组标签位置，❷组合"调整"面板组和"字符"面板组，如图 1-11 所示。

图 1-11

1.3 | Photoshop 的工作区

　　工作区是指 Photoshop 工作界面中的工具栏、面板、窗口等元素的排列组合方式。用户可使用软件预设的工作区，也可自定义适合自己的工作区。

1.3.1　使用预设工作区

　　执行"窗口→工作区"菜单命令，在展开的级联菜单中就可以看到系统预设的几种工作区。

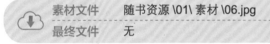

素材文件	随书资源 \01\ 素材 \06.jpg
最终文件	无

步骤 01 打开素材文件 06.jpg，默认在"基本功能（默认）"工作区中显示打开的图像，如图 1-12 所示。

步骤 02 如果需要更改工作区，执行"窗口→工作区"菜单命令，假设需要切换到"摄影"工作区，因此单击级联菜单下的"摄影"命令，如图 1-13 所示。

图 1-12

图 1-13

提示　在编辑图像的过程中，对工作区中的面板位置、大小和组合方式进行了修改，如果要还原对工作区的修改，可以执行"窗口→工作区→复位 ×××（工作区名称）"菜单命令。

步骤 03 切换到"摄影"工作区，在该工作区中显示照片后期处理常用的"直方图""调整"等面板，如图 1-14 所示。

图 1-14

步骤 04 执行"窗口→工作区→图形和 Web"菜单命令，如图 1-15 所示。

图 1-15

步骤 05 切换到"图形和 Web"工作区，在该工作区中显示制作 Web 图像常用的"字符""段落""属性"等面板，如图 1-16 所示。

图 1-16

步骤 06 执行"窗口→工作区→绘画"菜单命令，切换到"绘画"工作区，显示"色板""画笔预设"等绘画常用的面板，如图 1-17 所示。

图 1-17

1.3.2　创建自定义工作区

执行"窗口→工作区→新建工作区"菜单命令，打开"新建工作区"对话框，在对话框中设置要新建的工作区选项，即可创建工作区。

| 素材文件 | 随书资源 \01\ 素材 \07.jpg |
| 最终文件 | 无 |

步骤 01 打开素材文件 07.jpg，执行"窗口→工作区→摄影"菜单命令，切换到"摄影"工作区，如图 1-18 所示。

步骤 02 ❶执行"窗口→动作"菜单命令，打开"动作"面板，❷将面板移入"调整"面板组中，组合面板，如图 1-19 所示。

图 1-18

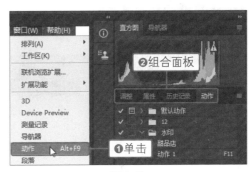

图 1-19

步骤 03 执行"窗口→工作区→新建工作区"菜单命令，如图 1-20 所示，打开"新建工作区"对话框。

步骤 04 ❶在对话框中输入工作区名称"商品后期"，❷勾选"键盘快捷键"复选框，❸单击"存储"按钮，即可创建并存储工作区，如图 1-21 所示。

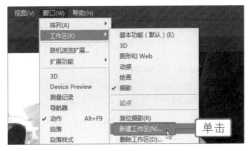

图 1-20

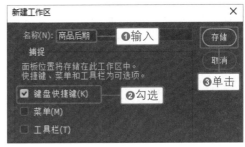

图 1-21

1.3.3　删除工作区

在 Photoshop 中，除了可以创建新的工作区，也可以删除创建的工作区或预设工作区。执行"窗口→工作区→删除工作区"菜单命令，打开"删除工作区"对话框，在对话框中选择并删除工作区。

素材文件	随书资源 \01\ 素材 \08.psd
最终文件	无

步骤 01 打开素材文件 08.psd，执行"窗口→工作区→基本功能（默认）"菜单命令，切换到默认的工作区，如图 1-22 所示。

图 1-22

9

步骤02 执行"窗口→工作区→删除工作区"菜单命令，如图1-23所示。

图 1-23

步骤04 ❶单击对话框中的"是"按钮，删除"商品后期"工作区，❷执行"窗口→工作区"菜单命令，在展开的级联菜单中不再显示"商品后期"工作区，如图1-25所示。

步骤03 打开"删除工作区"对话框，❶在"工作区"下拉列表框中选择"商品后期"选项，❷单击"删除"按钮，如图1-24所示，弹出另一个"删除工作区"对话框。

图 1-24

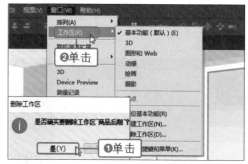

图 1-25

第 2 章　Photoshop 的基本操作

本章主要讲解 Photoshop 的一些基本操作，包括新建和打开文档、存储和关闭文档、查看和调整图像等，只有熟练掌握了这些操作，才能在编辑图像时提高效率。

2.1　文档的基本操作

文档的基本操作包括新建和打开文档、存储和关闭文档等内容。这些操作技法是应用 Photoshop 完成各类设计作品的基础，在下面的小节中将分别进行详细讲解。

2.1.1　新建文档

启动 Photoshop 程序后，需要新建空白文档，用于编辑图像。在 Photoshop 中，可以通过执行"文件→新建"菜单命令或按快捷键〈Ctrl+N〉新建文档，也可以单击"起点"工作区中的"新文件"按钮新建文档。

素材文件	无
最终文件	随书资源 \02\ 源文件 \ 新建文档 .psd

步骤 01 启动 Photoshop，显示"起点"工作区，在工作区中单击左侧的"新文件"按钮，如图 2-1 所示，打开"新建"对话框。

步骤 02 ❶在对话框中的"文档类型"下拉列表中选择"照片"，❷在"大小"下拉列表中选择一种尺寸大小，❸然后输入文件名"新建文件"，❹单击"确定"按钮，如图 2-2 所示。

图 2-1

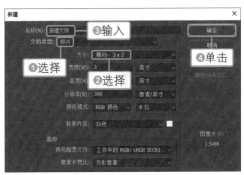

图 2-2

步骤 03 返回至图像窗口，可看到根据选择的尺寸创建了一个空白文档，如图 2-3 所示。

提示
"新建"对话框中的"文档类型"下拉列表中提供了许多不同的文档类型，用户可以根据需求选择其中一种文档类型，然后在"大小"下拉列表中选择预设的大小进行文档的创建。

图 2-3

2.1.2　打开指定的文件

在 Photoshop 中，打开文件也有多种方法，用户可以通过执行"文件→打开"菜单命令打开文件，也可以按快捷键〈Ctrl+O〉打开文件，还可以直接将文件拖动到 Photoshop 工作界面中来打开。

素材文件	随书资源 \02\ 素材 \01.jpg
最终文件	无

步骤 01 启动 Photoshop 后，执行"文件→打开"菜单命令或按快捷键〈Ctrl+O〉，如图 2-4 所示，打开"打开"对话框。

图 2-4

步骤 03 在图像窗口中就会打开上一步选中的素材图像，如图 2-6 所示。

提示
如果需要同时打开多个文件，可以在"打开"对话框中按住〈Ctrl〉键不放，依次单击需要打开的文件，然后单击"打开"按钮。

步骤 02 ❶在"打开"对话框中单击选中需要打开的素材文件 01.jpg，❷然后单击右下方的"打开"按钮，如图 2-5 所示。

图 2-5

图 2-6

2.1.3　存储和关闭文件

在 Photoshop 中打开并编辑文档后，可以应用"存储"或"存储为"命令将编辑后的图像存储到指定的文件夹。当用户关闭 Photoshop 窗口中的图像时，被编辑过的图像仍然会保存在指定的文件夹中。

素材文件	随书资源 \02\ 素材 \02.psd
最终文件	随书资源 \02\源文件\ 存储和关闭文件 .psd

步骤 01 打开素材文件 02.psd，打开的图像如图 2-7 所示，执行"文件→存储为"菜单命令。

步骤 02 打开"存储为"对话框，❶在"文件名"文本框中输入文件名，❷单击"保存"按钮，如图 2-8 所示。

图 2-7

图 2-8

步骤 03 弹出"Photoshop 格式选项"对话框，单击对话框右上角的"确定"按钮，如图 2-9 所示，存储图像。

图 2-9

步骤 04 存储文件后，执行"文件→关闭"菜单命令或单击图像窗口文件标签右侧的 ✖ 按钮，如图 2-10 所示。

步骤 05 因为当前只打开了一个文件，所以关闭文件后会显示"起点"工作区，如图 2-11 所示。

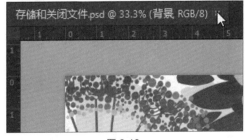

图 2-10

图 2-11

13

2.2 图像的查看

为了更好地控制画面效果，在编辑过程中会选择合适的方式查看图像。在 Photoshop 中可以选择不同的屏幕模式查看图像，还可以调整排列方式同时查看或编辑打开的多个图像。

2.2.1 在不同屏幕模式下查看图像

Photoshop 提供了"标准屏幕模式""带有菜单栏的全屏模式""全屏模式"3 种屏幕模式，默认为"标准屏幕模式"。用户在编辑图像的过程中，可以执行"视图→屏幕模式"菜单命令或利用工具箱中的"更改屏幕模式"按钮切换屏幕模式。

素材文件	随书资源 \02\ 素材 \03.jpg	
最终文件	无	

步骤 01 打开素材文件 03.jpg，在工作界面中以默认的"标准屏幕模式"显示打开的图像，如图 2-12 所示。

步骤 02 右击工具箱底部的"更改屏幕模式"按钮，在展开的工具组中单击选择"带有菜单栏的全屏模式"，显示带有菜单栏和 50% 灰色背景、没有标题栏和滚动条的全屏窗口，如图 2-13 所示。

图 2-12

图 2-13

步骤 03 右击工具箱底部的"更改屏幕模式"按钮，在展开的工具组中单击选择"全屏模式"，显示只有黑色背景的全屏窗口，如图 2-14 所示。

提示 在 Photoshop 中，可以直接按〈F〉键在 3 种屏幕模式之间快速切换。

图 2-14

2.2.2　同时查看多个图像

在 Photoshop 中打开的图像会以选项卡的形式排列在图像窗口中，每次只能显示一张图像。如果需要同时查看多张打开的图像，可以执行"窗口→排列"菜单命令，在展开的级联菜单中选择以不同的排列方式同时查看图像。

素材文件	随书资源 \02\ 素材 \04.jpg ～ 06.jpg
最终文件	无

步骤 01 执行"文件→打开"菜单命令，打开素材文件 04.jpg ～ 06.jpg，在图像窗口中只显示最后选择的图像，如图 2-15 所示。

步骤 02 执行"窗口→排列→全部垂直拼贴"菜单命令，此时所有打开的图像以垂直拼贴的方式显示在图像窗口中，如图 2-16 所示。

图 2-15

图 2-16

步骤 03 执行"窗口→排列→三联堆积"菜单命令，此时所有打开的图像以三联堆积方式显示在图像窗口中，如图 2-17 所示。

步骤 04 ❶选择"抓手工具"，❷勾选工具选项栏中的"滚动所有窗口"复选框，将鼠标移到任意图像上，❸单击并拖动查看图像，如图 2-18 所示。

图 2-17

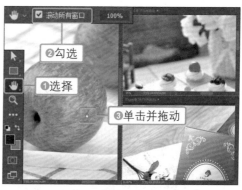
图 2-18

2.2.3　使用导航器查看图像

在 Photoshop 中可以使用"导航器"面板来快速更改图像的视图。"导航器"面板中的彩色框对应窗口中的当前可查看区域，可以通过拖动这个彩色框来查看不同区域的图像。

素材文件	随书资源 \02\ 素材 \07.jpg
最终文件	无

步骤 01　执行"文件→打开"菜单命令，打开素材文件 07.jpg，打开后的图像显示效果如图 2-19 所示。

步骤 02　执行"视图→ 100%"菜单命令，以 100% 大小显示打开的图像，可看到窗口中只显示一部分图像，如图 2-20 所示。

图 2-19

图 2-20

步骤 03　执行"窗口→导航器"菜单命令，打开"导航器"面板，如图 2-21 所示。

步骤 04　将鼠标移至"导航器"面板上，然后单击并拖动图像缩览图上的彩色框，调整其位置，如图 2-22 所示。

图 2-21

图 2-22

步骤 05 释放鼠标，这时在图像窗口中将显示彩色框区域的图像，如图 2-23 所示。此外，也可直接单击图像缩览图来指定要查看的区域。

> **提示** 单击工具箱中的"抓手工具"按钮，然后将鼠标移到图像上方，当鼠标指针变为手形时，单击并拖动也可以查看图像的不同区域。

图 2-23

2.3　图像的基本编辑操作

应用 Photoshop 编辑图像时，除了需要掌握文件的基本操作，还需要掌握一些图像编辑的基本操作，如调整图像大小和画布大小、复制和粘贴图像、自由变换图像、裁剪图像等。熟练应用这些基本的操作，能够获得非常不错的画面效果。

2.3.1　调整图像大小

图像的实际尺寸、分辨率和像素大小决定了图像的数据量及打印质量。在 Photoshop 中，使用"图像大小"命令可以将当前正在编辑的图像调整至合适的大小。打开图像后，执行"图像→图像大小"菜单命令，即可打开"图像大小"对话框，在对话框中可以调整图像的宽度和高度，还可以调整图像的分辨率等。

	素材文件	随书资源 \02\ 素材 \08.jpg
	最终文件	随书资源 \02\ 源文件 \ 调整图像大小 .jpg

步骤 01 打开素材文件 08.jpg，如图 2-24 所示。

步骤 02 执行"图像→图像大小"菜单命令，如图 2-25 所示。

图 2-24

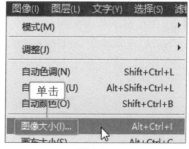

图 2-25

步骤 03 打开"图像大小"对话框，在对话框中显示了当前图像的大小、宽度、高度和分辨率等参数值，如图 2-26 所示。

步骤 04 ❶在"分辨率"数值框中输入数值 72，❷在"高度"数值框中输入数值 1000，❸单击"确定"按钮，如图 2-27 所示。

图 2-26

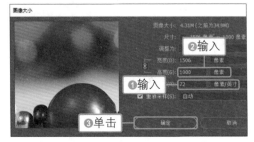

图 2-27

步骤 05 返回图像窗口，软件会根据输入的高度和分辨率调整图像大小，此时图像窗口中显示缩小尺寸后的图像，如图 2-28 所示。

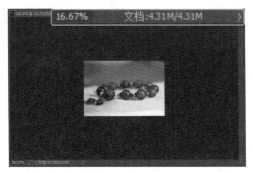

图 2-28

2.3.2 调整画布大小

画布是图像的完全可编辑区域。在 Photoshop 中，应用"画布大小"命令可以增大或减小画布。当增大画布时，会在现有图像周围添加空间；当减小画布时，会对图像进行一定的裁剪。打开图像后，执行"图像→画布大小"菜单命令，即可打开"画布大小"对话框，在对话框中可以调整画布的大小、定位方式等。

| 素材文件 | 随书资源 \02\ 素材 \09.jpg |
| 最终文件 | 随书资源 \02\ 源文件 \ 调整画布大小 .jpg |

步骤 01 打开素材文件 09.jpg，执行"图像→画布大小"菜单命令，如图 2-29 所示。

图 2-29

步骤02 打开"画布大小"对话框，❶输入"高度"为12，❷在下方的定位框中单击底部中间的方块，❸单击"确定"按钮，如图 2-30 所示。

步骤03 在弹出的提示框中单击"继续"按钮，如图 2-31 所示。

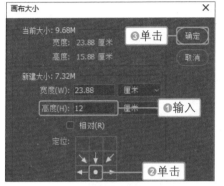

图 2-30

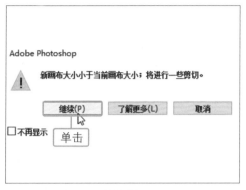

图 2-31

步骤04 软件会根据输入的画布高度，裁切掉原图像上部的一部分天空，如图 2-32 所示。

步骤05 执行"图像→画布大小"菜单命令，再次打开"画布大小"对话框，❶输入"宽度"为 25.5、"高度"为 14，❷在"画布扩展颜色"选项中指定画布颜色，如图 2-33 所示。

图 2-32

图 2-33

步骤06 设置后单击"确定"按钮，返回图像窗口，软件会根据设置调整画布的大小，为裁切后的图像添加深褐色的边框效果，如图 2-34 所示。

图 2-34

提示　在"画布大小"对话框中，单击"画布扩展颜色"选项右侧的颜色块，可打开"拾色器（画布扩展颜色）"对话框，在对话框中单击或输入色值，能够指定扩展后的画布颜色。

2.3.3 剪切、复制与粘贴图像

应用 Photoshop 处理图像时，经常会对图像进行剪切、复制和粘贴操作。要剪切、复制和粘贴图像，可以通过在"编辑"菜单中执行相应的"剪切""复制""粘贴"命令来完成，也可以按快捷键来快速完成。

素材文件	随书资源 \02\ 素材 \10.jpg
最终文件	随书资源 \02\ 源文件 \ 剪切、复制与粘贴图像 .psd

步骤 01 打开素材文件 10.jpg，选择"矩形选框工具"，在图像右侧绘制一个矩形选区，如图 2-35 所示。

步骤 02 执行"编辑→剪切"菜单命令剪切图像，如图 2-36 所示。

图 2-35　　　　　　　　　图 2-36

步骤 03 选用"矩形选框工具"在中间的人物图像位置绘制选区，执行"编辑→拷贝"菜单命令复制图像，如图 2-37 所示。

步骤 04 ❶执行"编辑→粘贴"菜单命令粘贴复制的图像，❷在"图层"面板中生成"图层 1"图层，如图 2-38 所示。

图 2-37　　　　　　　　　图 2-38

步骤05 ❶选择工具箱中的"移动工具"，将复制得到的图像向右拖动到合适的位置，❷在"图层"面板中选中"图层 1"图层，设置该图层的"不透明度"为 50%，如图 2-39 所示。

图 2-39

提示 在 Photoshop 中，要复制图像时，按快捷键〈Ctrl+C〉；要剪切图像时，按快捷键〈Ctrl+X〉；要粘贴图像时，按快捷键〈Ctrl+V〉。

2.3.4 自由变换图像

在 Photoshop 中，应用"自由变换"命令可以对图像进行旋转、扭曲和透视等变换。执行"编辑→自由变换"菜单命令或按快捷键〈Ctrl+T〉，显示自由变换编辑框，通过拖动编辑框周围的控制手柄来完成图像的变换操作。

素材文件	随书资源 \02\ 素材 \11.psd
最终文件	随书资源 \02\ 源文件 \ 自由变换图像 .psd

步骤01 打开素材文件 11.psd，在"图层"面板中选择"图层 1"图层，在工具箱中选择"矩形选框工具"，在女包图像上创建矩形选区，按快捷键〈Ctrl+C〉，复制选区中的图像，如图 2-40 所示。

步骤02 按快捷键〈Ctrl+V〉粘贴图像，❶在"图层"面板中得到"图层 2"图层，❷选择"移动工具"，把图像拖到左侧合适的位置，如图 2-41 所示。

图 2-40

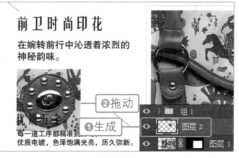

图 2-41

步骤 03 选中"图层 2"图层，❶执行"编辑→自由变换"菜单命令，❷显示自由变换编辑框，如图 2-42 所示。

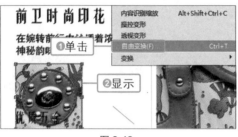

图 2-42

步骤 04 将鼠标移到自由变换编辑框右下角位置，此时鼠标指针变为双向箭头形状，如图 2-43 所示。

图 2-43

步骤 05 按住〈Shift〉键不放，单击并向图像内侧拖动，等比例缩小图像，如图 2-44 所示。

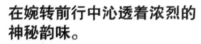
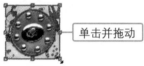

图 2-44

步骤 06 缩小图像后，将鼠标移至右上角位置，鼠标指针变为折线箭头形状，如图 2-45 所示。

图 2-45

步骤 07 单击并向右下角方向拖动，拖动时在旁边会显示旋转的角度，如图 2-46 所示。

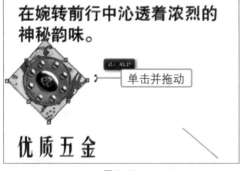

图 2-46

步骤 08 拖动到合适的角度后，释放鼠标，按〈Enter〉键，应用自由变换效果，如图 2-47 所示。

图 2-47

步骤 09 选择"移动工具"，拖动调整变换后图像的位置，如图 2-48 所示。

步骤 10 继续使用同样的方法，选择并复制图像，结合自由变换命令调整图像，效果如图 2-49 所示。

图 2-48　　　　　　　　　　　　　　　图 2-49

2.3.5　旋转图像

在 Photoshop 中可以使用"图像旋转"命令旋转或翻转图像窗口中的图像。该命令不适用于单个图层或图层的一部分、路径及选区，如果要旋转选区或图层，需要使用"变换"或"自由变换"命令。执行"图像→图像旋转"菜单命令，在打开的级联菜单中有多个用于旋转或翻转图像的菜单命令，通过单击相应的命令即可完成图像的旋转或翻转操作。

> 素材文件　随书资源 \02\ 素材 \12.jpg
> 最终文件　随书资源 \02\ 源文件 \ 旋转图像 .jpg

步骤 01 打开素材文件 12.jpg，❶单击工具箱中的"标尺工具"按钮，❷沿着画面中的海平面单击并拖动，绘制水平参考线，如图 2-50 所示。

步骤 02 释放鼠标后，执行"图像→图像旋转→任意角度"菜单命令，如图 2-51 所示。

图 2-50

图 2-51

步骤 03 打开"旋转画布"对话框，程序根据绘制的水平参考线自动设定要将图像逆时针旋转 3.13°，单击"确定"按钮，旋转图像，效果如图 2-52 所示。

步骤 04 执行"图像→画布大小"菜单命令，打开"画布大小"对话框，输入"宽度"为 24、"高度"为 15，单击"确定"按钮，效果如图 2-53 所示。

图 2-52

图 2-53

2.3.6 裁剪图像

当图像的画面构图不太理想，或者只需要保留图像中的一个局部区域时，可以对图像进行裁剪。Photoshop 提供了专门用于裁剪图像的"裁剪工具"，使用此工具可以将图像裁剪为任意大小，并且可以应用预设的大小和宽高比例快速完成裁剪。

素材文件	随书资源 \02\ 素材 \13.jpg
最终文件	随书资源 \02\ 源文件 \ 裁剪图像 .psd

步骤 01 打开素材文件 13.jpg，单击工具箱中的"裁剪工具"按钮 ，如图 2-54 所示。

步骤 02 ❶在选项栏中选择"裁剪工具的叠加选项"为"黄金比例"，❷取消勾选"删除裁剪的像素"复选框，❸在图像上单击并拖动，绘制裁剪框，如图 2-55 所示。

图 2-54

图 2-55

步骤 03 确定裁剪范围后，单击选项栏中的"提交当前裁剪操作"按钮 ✓，裁剪图像中多余的背景部分，如图 2-56 所示。

提示
在图像中创建裁剪框后，右击裁剪框中的图像，在弹出的快捷菜单中执行"裁剪"命令，或直接按〈Enter〉键，同样可以完成裁剪。

图 2-56

实例演练——裁剪图像制作立可拍效果

本实例中，将使用"裁剪工具"裁剪一张人物图像，将其画面比例更改为方形，再使用"画布大小"命令扩展画布，为图像添加白色的边框，应用"剪切"和"粘贴"命令调整画面中的人物图像位置，并在添加的白色边框中输入文字，制作出立可拍效果，如图 2-57 所示。

素材文件	随书资源 \02\ 素材 \14.jpg
最终文件	随书资源 \02\ 源文件 \ 裁剪图像制作立可拍效果 .psd

图 2-57

步骤 01 执行"文件→打开"菜单命令，打开"打开"对话框，❶在对话框中选择素材文件 14.jpg，❷单击"打开"按钮，如图 2-58 所示。

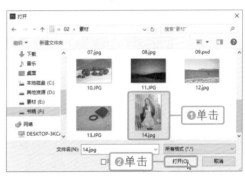

图 2-58

步骤 02 在 Photoshop 中将选择的素材文件打开，按快捷键〈Ctrl+0〉，按窗口大小缩放图像，如图 2-59 所示。

图 2-59

步骤 03 单击工具箱中的"裁剪工具"按钮，❶在选项栏中选择"1：1（方形）"选项，❷在人物图像上单击并拖动，创建方形裁剪框，如图 2-60 所示。

步骤 04 单击工具选项栏中的"提交当前裁剪操作"按钮，裁剪图像，如图 2-61 所示。

图 2-60

图 2-61

步骤 05 执行"图像→图像大小"菜单命令，打开"图像大小"对话框，❶输入"分辨率"为 72，❷输入"宽度"为 1200，❸单击"确定"按钮，如图 2-62 所示。

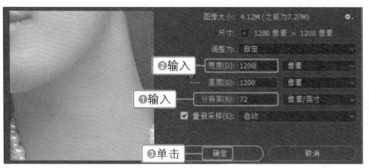

图 2-62

步骤 06 执行"图像→画布大小"菜单命令，打开"画布大小"对话框，设置"宽度"为 45、"高度"为 52、"画布扩展颜色"为"白色"，如图 2-63 所示。

步骤 07 单击"确定"按钮，返回图像窗口，选择"矩形选框工具"，在调整后的人物图像上方单击并拖动，绘制一个矩形选区，如图 2-64 所示。

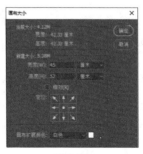

图 2-63

图 2-64

步骤 08 执行"编辑→剪切"菜单命令，将图像剪切并存放于剪贴板中，原选区中的图像被工具箱中设置的背景色替换，如图 2-65 所示。

步骤 09 按快捷键〈Ctrl+V〉，将剪贴板中的图像粘贴到文档中，同时在"图层"面板中生成"图层 1"图层，如图 2-66 所示。

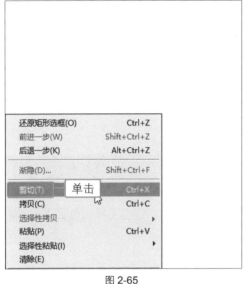

图 2-65

图 2-66

步骤 10 选择"移动工具"，在人物图像上单击并向上拖动鼠标，将人物图像移到画面顶部，如图 2-67 所示。

步骤 11 选择"横排文字工具"，在人物图像下方输入文字，结合"字符"面板调整文字属性，最终效果如图 2-68 所示。

图 2-67

图 2-68

第 3 章　图像选区的创建与应用

选区用于指定 Photoshop 中各种功能起作用的图像范围。Photoshop 提供了许多用于创建选区的工具，如"选框工具""套索工具""快速选择工具"等，使用这些工具能够在图像中的指定位置创建选区。在创建选区后，还可以根据设计需求，应用"选择"菜单中的命令对选区进行调整。本章将运用实例详细地介绍创建和调整选区的方法和技巧。

3.1　创建规则选区

当需要在图像中创建规则的选区时，可使用选框工具组。选框工具组包含"矩形选框工具""椭圆选框工具""单行选框工具""单列选框工具"。

3.1.1　矩形选框工具

使用"矩形选框工具"可以创建一个矩形选区，配合使用〈Shift〉键则可创建正方形选区。

素材文件	随书资源 \03\ 素材 \01.jpg
最终文件	随书资源 \03\ 源文件 \ 矩形选框工具 .psd

步骤 01 打开素材文件 01.jpg，单击工具箱中的"矩形选框工具"按钮，选择工具，如图 3-1 所示。

步骤 02 将鼠标移至图像上方，单击并向右下角方向拖动，拖动到合适的大小时，释放鼠标，在图像中创建矩形选区，如图 3-2 所示。

图 3-1　　　　　　　　　　图 3-2

步骤 03 ❶单击工具选项栏中的"从选区减去"按钮，将鼠标移到选区中间，❷单击并向右下方拖动至合适的位置后释放鼠标，缩小选区范围，如图 3-3 所示。

步骤 04 ❶新建"图层 1"图层，❷设置前景色为 R244、G244、B244，按快捷键〈Alt+Delete〉，为选区填充前景色，填充后效果如图 3-4 所示。

图 3-3

图 3-4

3.1.2　椭圆选框工具

使用"椭圆选框工具"可以创建一个椭圆形选区，配合使用〈Shift〉键则可创建圆形选区。

素材文件	随书资源 \03\ 素材 \02.jpg
最终文件	随书资源 \03\ 源文件 \ 椭圆选框工具 .psd

步骤 01 打开素材文件 02.jpg，按住工具箱中的"矩形选框工具"按钮不放，在展开的工具组中选择"椭圆选框工具"，如图 3-5 所示。

步骤 02 将鼠标移至杯子图像中间，❶单击并向右下方拖动，释放鼠标，创建椭圆形选区，❷按快捷键〈Ctrl+J〉，复制选区中的图像，得到"图层 1"图层，如图 3-6 所示。

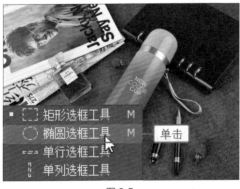

图 3-5

图 3-6

步骤 03 双击"图层 1"图层的缩览图，打开"图层样式"对话框，在左侧单击"投影"选项，❶在右侧设置投影颜色为白色，❷输入"不透明度"为 71、"距离"为12、"大小"为 29，如图 3-7 所示。

步骤 04 单击"图层样式"对话框中的"确定"按钮，返回图像窗口，可以看到对选区中的图像添加了白色的投影，突出了杯子上的文字，如图 3-8 所示。

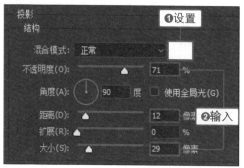

图 3-7

图 3-8

3.1.3 单行 / 单列选框工具

使用"单行选框工具"可以绘制 1 像素高的横向选区，使用"单列选框工具"可以绘制 1 像素宽的纵向选区。应用这两个工具创建选区时，只需要在工具箱中选中相应的工具，然后在图像中单击即可。如果需要创建多列或多行选区，则可以通过单击选项栏中的"计算选区"按钮进行处理。

素材文件	随书资源 \03\ 素材 \03.jpg
最终文件	随书资源 \03\ 源文件 \ 单行 / 单列选框工具 .psd

步骤 01 打开素材文件 03.jpg，设置前景色为黑色。按住工具箱中的"矩形选框工具"按钮 不放，在展开的工具组中选择"单行选框工具" ，如图 3-9 所示。

图 3-9

提示　在 Photoshop 中按〈M〉键可以快速选中工具箱中的选框工具。

步骤 02 ❶单击"单行选框工具"选项栏中的"添加到选区"按钮■，❷再在图像中连续单击，创建多行 1 像素高的横向选区，效果如图 3-10 所示。

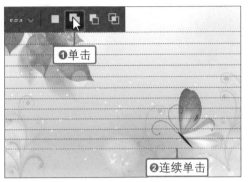

图 3-10

步骤 03 选择工具箱中的"矩形选框工具"，❶单击选项栏中的"与选区交叉"按钮■，❷在图像中间单击并拖动，如图 3-11 所示。

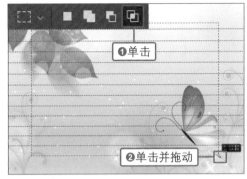

图 3-11

步骤 04 释放鼠标，减去两个选区中未重合的区域。❶新建"图层 1"图层，❷按快捷键〈Alt+Delete〉，将选区填充为黑色，如图 3-12 所示。

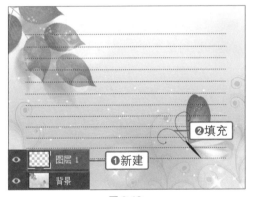

图 3-12

步骤 05 ❶选择"单列选框工具"，❷单击选项栏中的"添加到选区"按钮■，❸在画面中连续单击，创建多条 1 像素宽的纵向选区，如图 3-13 所示。

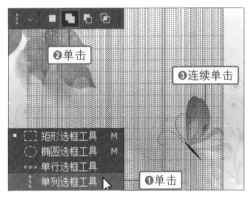

图 3-13

步骤 06 执行"选择→修改→扩展"菜单命令，打开"扩展选区"对话框，❶输入"扩展量"为 2，❷单击"确定"按钮，调整选区，如图 3-14 所示。

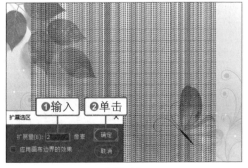

图 3-14

步骤07 按〈Delete〉键删除选区中的图像，执行"选择→取消选择"菜单命令，取消选区，在图像窗口中查看制作的虚线效果，如图 3-15 所示。

图 3-15

当需要选择的对象外形较为复杂时，使用规则选框工具将不能准确选中对象，此时就需要使用不规则选框工具进行选择。在 Photoshop 中，可以使用套索工具组中的工具来创建不规则选区。

3.2.1 套索工具

使用"套索工具"可以绘制任意形状的选区。在工具箱中选择"套索工具"，在选项栏中设置羽化值和消除锯齿效果，然后在需要选择的图像位置单击并拖动鼠标绘制路径，当绘制的路径的起点与终点重合时单击鼠标即可获得最终选区。

素材文件	随书资源 \03\ 素材 \04.jpg
最终文件	随书资源 \03\ 源文件 \ 套索工具 .psd

步骤01 打开素材文件 04.jpg，单击工具箱中的"套索工具"按钮，如图 3-16 所示。

步骤02 ❶在"套索工具"的选项栏中输入"羽化"值为 3 像素，❷沿着画面中一朵蜡梅花图像的轮廓单击并拖动，绘制出路径，如图 3-17 所示。

图 3-16

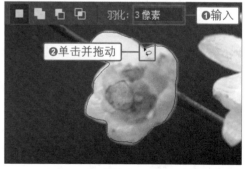

图 3-17

步骤 03 当绘制的路径的终点与起点重合时，单击鼠标，创建选区，选中路径中间的蜡梅花图像，如图 3-18 所示。

步骤 04 ❶按快捷键〈Ctrl+J〉，复制选区中的图像，得到"图层 1"图层，❷选择"移动工具"，将复制出的蜡梅花图像拖至合适位置，如图 3-19 所示。

图 3-18

图 3-19

 提示 "套索工具"选项栏中的"羽化"选项用于控制选取的图像边缘的柔和程度，输入的参数越大，选取的图像边缘越柔和。

3.2.2　多边形套索工具

"多边形套索工具"适用于在图像中绘制不规则的多边形选区，如三角形、四边形等。只需要在工具箱中选中该工具，然后在图像中连续单击，就能轻松创建多边形选区。

素材文件	随书资源 \03\ 素材 \05.jpg
最终文件	随书资源 \03\ 源文件\ 多边形套索工具 .psd

步骤 01 打开素材文件 05.jpg，按住工具箱中的"套索工具"按钮不放，在展开的工具组中选择"多边形套索工具"，如图 3-20 所示。

步骤 02 将鼠标移到盒子图像边缘，❶单击添加第一个路径锚点，❷然后将鼠标移到盒子图像右上角的转角位置，如图 3-21 所示。

图 3-20

图 3-21

步骤 03 单击添加第二个路径锚点。继续使用相同的方法在图像中连续单击，当终点与起点重合时，单击鼠标创建多边形选区，如图 3-22 所示。

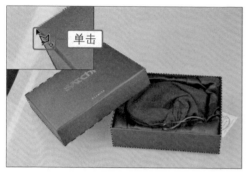

图 3-22

步骤 04 ❶按快捷键〈Ctrl+J〉，复制选区中的图像，❷隐藏"背景"图层，❸新建"图层 2"图层，填充上白色，为图像添加纯色背景，如图 3-23 所示。

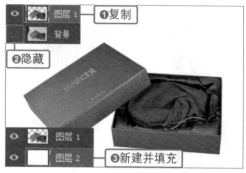

图 3-23

3.2.3　磁性套索工具

"磁性套索工具"可以快速选择边缘与背景反差较大的图像，反差越大，得到的选区就越准确。选择"磁性套索工具"后，单击并按住鼠标沿着对象边缘拖动，此时会根据鼠标移动的轨迹自动创建带有锚点的路径，当路径的终点与起点重合时释放鼠标，就能得到闭合的选区。

素材文件	随书资源 \03\ 素材 \06.jpg
最终文件	随书资源 \03\ 源文件 \ 磁性套索工具 .psd

步骤 01 打开素材文件 06.jpg，按住工具箱中的"套索工具"按钮 不放，在展开的工具组中选择"磁性套索工具"，如图 3-24 所示。

图 3-24

步骤 02 ❶在选项栏中设置"宽度"为 10像素、"对比度"为 10%、"频率"为 80，❷在丹顶鹤图像边缘单击并拖动，创建路径，如图 3-25 所示。

图 3-25

步骤03 继续沿着丹顶鹤图像边缘拖动创建路径，当路径的终点与起点重合时，鼠标指针将变为 形，单击鼠标，创建选区，如图 3-26 所示。

步骤04 ❶按快捷键〈Ctrl+J〉，复制选区中的图像，得到"图层 1"图层，❷用"移动工具"将此图层中的丹顶鹤图像向右拖动到合适的位置，如图 3-27 所示。

图 3-26

图 3-27

3.3 根据颜色创建选区

　　快速选择工具组中的工具主要根据颜色来选择图像并创建选区。该工具组包含"对象选择工具""快速选择工具"和"魔棒工具"，其中"对象选择工具"能够自动识别物体边缘绘制出选区，"快速选择工具"根据设置的画笔大小来确定选择范围，"魔棒工具"则根据设置的容差大小来确定选择范围。

3.3.1　对象选择工具

　　"对象选择工具"是一个基于人工智能技术的选择工具，可简化在图像中选择单个对象或对象的某个部分的过程，如人物、汽车、宠物、天空、建筑物等。选择"对象选择工具"后，只需在对象周围绘制矩形区域或套索，它就能自动分析并选择已定义区域内的主体对象。

素材文件	随书资源 \03\ 素材 \07.jpg
最终文件	随书资源 \03\ 源文件 \ 对象选择工具 .psd

步骤01 打开素材文件 07.jpg，单击工具箱中的"对象选择工具"按钮 ，如图 3-28 所示。

步骤02 ❶在选项栏设置"模式"为套索，❷在对象周围单击并拖动，绘制出路径，如图 3-29 所示。

图 3-28

图 3-29

步骤 03 当绘制的路径终点与起点重合时，释放鼠标，创建选区并自动选择路径框内的花朵图像，如图 3-30 所示。

步骤 04 ❶单击选项栏中的"添加到选区"按钮，❷设置"模式"为矩形，❸在另外一朵花朵图像上单击并拖动，如图 3-31 所示。

图 3-30

图 3-31

步骤 05 释放鼠标后，自动选中矩形选框中的花朵图像，如图 3-32 所示。

步骤 06 使用相同的方法将其他未选中的区域添加到选区，完成对象的选择，如图 3-33 所示。

图 3-32

图 3-33

步骤 07 新建"色相/饱和度 1"调整图层，打开"属性"面板，在面板中将"色相"滑块向左拖动至 -23 位置，将选中的花朵颜色更改为橘红色，效果如图 3-34 所示。

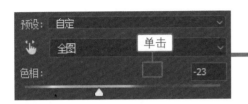

图 3-34

3.3.2 快速选择工具

"快速选择工具"以画笔的形式出现在需要选取的图像上，并利用可调整的圆形画笔笔尖快速绘制选区。选择工具箱中的"快速选择工具"，在图像中单击并拖动，拖动时选区会向外扩展并自动查找和跟随图像中清晰的边缘，从而创建相应的选区。

素材文件	随书资源 \03\ 素材 \08.jpg、09.psd
最终文件	随书资源 \03\ 源文件 \ 快速选择工具 .psd

步骤 01 打开素材文件 08.jpg，按住工具箱中的"对象选择工具"按钮 不放，在展开的工具组中单击"快速选择工具"按钮 ，如图 3-35 所示。

步骤 02 ❶单击工具选项栏中的"添加到选区"按钮 ，❷设置画笔大小为 70，❸在鞋子图像上单击并拖动，如图 3-36 所示。

图 3-35

图 3-36

步骤 03 继续在另一只鞋子图像上单击并拖动，扩大选择范围，将两只鞋子的图像都添加到选区中，如图 3-37 所示。

步骤 04 ❶ 单击工具选项栏中的"从选区减去"按钮，❷ 设置画笔大小为 35，❸ 在鞋子旁边选中的多余图像上单击，将其移出选区，如图 3-38 所示。

步骤 05 执行"选择→修改→收缩"菜单命令，打开"收缩选区"对话框，❶ 输入"收缩量"为 1，❷ 单击"确定"按钮，收缩选区，如图 3-39 所示。

图 3-37

图 3-38

图 3-39

提示 使用"快速选择工具"选择图像时，单击选项栏中的"添加到选区"按钮，可向已有选区中添加新单击的区域；单击选项栏中的"从选区减去"按钮，则会在已有选区中减去新单击的区域。

步骤 06 ❶ 按快捷键〈Ctrl+J〉，复制选区中的图像，得到"图层 1"图层，❷ 隐藏"背景"图层，在图像窗口中查看抠出的图像，如图 3-40 所示。

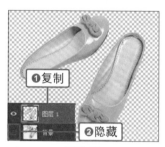

图 3-40

步骤 07 打开素材文件 09.psd，将抠出的鞋子图像复制、粘贴到 09.psd 中，得到比较完整的鞋子广告效果，如图 3-41 所示。

图 3-41

3.3.3 魔棒工具

"魔棒工具"可以快速选取与鼠标单击处的像素颜色一致或相近的区域。该工具选项栏中的"容差"值用于指定选取的像素与单击处像素的颜色差别可以有多大，其数值越大，所选取的颜色范围就越大。

素材文件　随书资源 \03\ 素材 \10.jpg、11.jpg
最终文件　随书资源 \03\ 源文件 \ 魔棒工具 .psd

步骤 01　打开素材文件 10.jpg，按住工具箱中的"对象选择工具"按钮 ▣ 不放，在展开的工具组中选择"魔棒工具"，如图 3-42 所示。

步骤 02　❶在"魔棒工具"选项栏中输入"容差"值为 50，❷将鼠标放置在天空位置，单击鼠标创建选区，选中大部分天空图像，如图 3-43 所示。

图 3-42

图 3-43

步骤 03　单击选项栏中的"添加到选区"按钮▣，将鼠标指针移至左侧未选中的天空图像位置，如图 3-43 所示。

步骤 04　单击鼠标，在已有选区中添加新选区，扩大选择范围。重复操作，直到选中整个天空部分的图像，如图 3-45 所示。

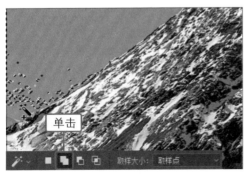

图 3-44

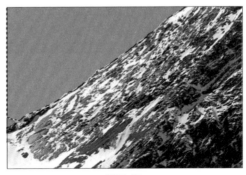

图 3-45

步骤 05　❶按快捷键〈Ctrl+J〉复制选区中的图像，得到"图层 1"图层，❷隐藏"背景"图层，如图 3-46 所示。

步骤 06　打开素材文件 11.jpg，在图像窗口中显示打开的蓝天白云图像，如图 3-47 所示。

图 3-46

图 3-47

步骤 07 ❶选择"移动工具"，将蓝天白云图像复制到抠取的天空图像上方，得到"图层 2"图层。❷执行"图层→创建剪贴蒙版"菜单命令，创建剪贴蒙版，拼合图像。❸恢复显示"背景"图层，最终效果如图3-48 所示。

图 3-48

提示 在"图层"面板中，按住〈Alt〉键，将鼠标移到两个图层之间的位置，当鼠标指针变为 ⌐□ 形时单击鼠标，可快速创建剪贴蒙版。

3.4 | 调整选区

在图像中创建选区后，为了得到满意的选区效果，有时需要对创建的选区进行调整，如反选和取消选区、修改选区、存储与载入选区等。Photoshop 的"选择"菜单包含许多用于调整选区的菜单命令，如"色彩范围"命令、"选择并遮住"命令、"变换选区"命令，通过执行这些菜单命令就能轻松完成选区的调整。

3.4.1 反选和取消选区

在图像中创建选区后，经常会使用"反选"命令和"取消选择"命令来反选或取消选区。

素材文件	随书资源 \03\ 素材 \12.jpg	
最终文件	随书资源 \03\ 源文件 \ 反选和取消选区 .psd	

步骤 01 打开素材文件 12.jpg，❶选择"快速选择工具"，❷沿花朵图像边缘单击并拖动，创建选区，如图 3-49 所示。

图 3-49

步骤 02 执行"选择→反选"菜单命令，反选选区，选中除花朵外的其他区域的图像，如图 3-50 所示。

图 3-50

步骤 03 执行"图像→调整→色阶"菜单命令，打开"色阶"对话框，❶输入色阶值为 0、1.50、255，❷单击"确定"按钮，如图 3-51 所示。

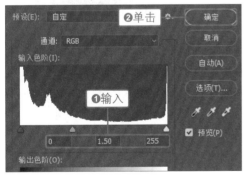

图 3-51

步骤 04 返回图像窗口，可看到应用设置的"色阶"选项调整选区中的背景图像后，其颜色变得更为明亮，如图 3-52 所示。

图 3-52

步骤 05 执行"选择→取消选择"菜单命令，取消选区，查看图像效果，如图 3-53 所示。

提示　在图像中创建选区后，按快捷键〈Ctrl+Shift+I〉可以反选选区，按快捷键〈Ctrl+D〉可以取消选区。

图 3-53

3.4.2 "色彩范围"命令

"色彩范围"命令可以针对图像中的某一颜色区域进行选取，从而创建出比较精细的选区。执行"选择→色彩范围"菜单命令，即可打开"色彩范围"对话框，框中白色为选取区域，灰色为半透明区域，黑色为未选中区域。用户可以结合选项设置和吸管工具调整选择范围的大小。

素材文件	随书资源 \03\ 素材 \13.jpg
最终文件	随书资源 \03\ 源文件 \"色彩范围"命令 .psd

步骤 01 打开素材文件 13.jpg，如图 3-54 所示。

步骤 02 执行"选择→色彩范围"菜单命令，如图 3-55 所示。

步骤 03 打开"色彩范围"对话框，如图 3-56 所示。

图 3-54

图 3-55

图 3-56

步骤 04 ❶单击对话框中的"添加到取样"按钮，❷将鼠标移到面膜旁边的背景位置单击，设置选择范围，如图 3-57 所示。

步骤 05 继续使用"添加到取样"工具，在背景中的其他位置单击，扩展选择范围，使整个背景显示为白色，如图 3-58 所示。

步骤 06 由于要选择的是面膜图像，❶勾选"反相"复选框，对选择范围进行反相，❷单击"确定"按钮，如图 3-59 所示。

图 3-57

图 3-58

图 3-59

步骤 07 在图像窗口中查看根据"色彩范围"创建的选区效果，可以看到选中了大部分面膜图像及部分倒影图像，如图3-60所示。

步骤 08 选择"套索工具"，❶单击选项栏中的"添加到选区"按钮，❷在面膜中间单击并拖动鼠标，圈选之前未选中的区域，扩大选择范围，如图3-61所示。

步骤 09 ❶单击"套索工具"选项栏中的"从选区减去"按钮，❷在面膜下方的倒影图像中单击并拖动鼠标，将不需要选中的部分移出选区，如图3-62所示。

图 3-60

图 3-61

图 3-62

步骤 10 按快捷键〈Ctrl+J〉，复制选区中的图像，❶得到"图层1"图层，❷隐藏"背景"图层，效果如图3-63所示。

步骤 11 单击"图层"面板中的"创建新图层"按钮，新建"图层2"图层，将图层填充为白色，如图3-64所示。

步骤 12 选择"钢笔工具"，在面膜图像下方连续单击，绘制不规则图形，并为图形填充渐变颜色，制作出倒影，如图3-65所示。

图 3-63

图 3-64

图 3-65

3.4.3 "选择并遮住"命令

在 Photoshop 中，应用"选择并遮住"工作区，可以进一步精细地调整选区。在图像中创建选区后，执行"选择→选择并遮住"菜单命令，即可打开"选择并遮住"工作区，使用工作区提供的工具，并调整右侧的选项，可控制选区的精细度，使选区更准确。

素材文件	随书资源 \03\ 素材 \14.jpg
最终文件	随书资源 \03\ 源文件 \ "选择并遮住"命令 .psd

步骤 01 打开素材文件 14.jpg，选择工具箱中的"套索工具"，沿小猫图像边缘单击并拖动,绘制大致的选区范围，如图 3-66 所示。

步骤 02 执行"选择→选择并遮住"菜单命令,进入"选择并遮住"工作区，如图 3-67 所示。

图 3-66

图 3-67

步骤 03 单击"视图"右侧的下拉按钮，在展开的下拉列表中选择"叠加"选项，以蒙版方式显示选区内的图像效果，如图 3-68 所示。

步骤 04 ❶单击"选择并遮住"工作区左侧工具栏中的"调整边缘画笔工具"按钮 ，❷在原选区边缘涂抹，如图 3-69 所示。

图 3-68

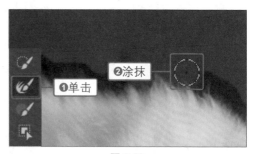

图 3-69

提示
　　在图像中创建选区后，如果要进入"选择并遮住"工作区，除了执行对应的菜单命令，还可以直接单击选择工具选项栏中的"选择并遮住"按钮 选择并遮住... 。

步骤 05 继续使用"调整边缘画笔工具"，在小猫图像边缘单击并涂抹，调整选区边缘，如图 3-70 所示。

步骤 06 ❶在"全局调整"选项组中输入"移动边缘"为 -15%，❷在"边缘检测"选项组中输入"半径"为 15 像素，❸在"视图"下拉列表框中选择"闪烁虚线"视图方式，如图 3-71 所示。

图 3-70

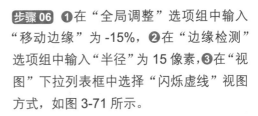
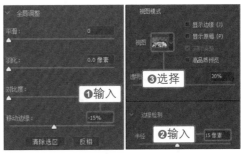

图 3-71

步骤 07 在"选择并遮住"工作区左侧的预览窗口中，以选区的方式查看调整后的选区效果，如图 3-72 所示。

步骤 08 ❶勾选"输出设置"选项组中的"净化颜色"复选框，❷选择"新建图层"输出方式，❸单击"确定"按钮，输出选区中的图像，得到"背景 拷贝"图层，如图 3-73 所示。

图 3-72

图 3-73

步骤 09 在"背景 拷贝"图层下方新建"图层 1"图层并填充上黑色，可以看到抠出的清晰的毛发效果，如图 3-74 所示。

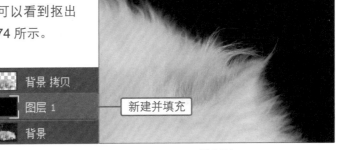

图 3-74

3.4.4 修改选区

在 Photoshop 中，可以应用"修改"命令对已创建的选区的边缘进行处理。执行"选择→修改"菜单命令，在弹出的级联菜单中可以看到"边界""平滑""扩展""收缩""羽化"5个菜单命令，执行不同的菜单命令，会打开相应的对话框，在对话框中设置选项即可调整选区的边缘效果。

素材文件	随书资源 \03\ 素材 \15.jpg
最终文件	随书资源 \03\ 源文件 \ 修改选区 .psd

步骤 01 打开素材文件 15.jpg，选择"磁性套索工具"，沿花朵图像边缘单击并拖动，绘制选区，如图 3-75 所示。

步骤 02 执行"选择→修改→收缩"菜单命令，打开"收缩选区"对话框，❶输入"收缩量"为 1，❷单击"确定"按钮，收缩选区，如图 3-76 所示。

图 3-75

图 3-76

步骤 03 执行"选择→修改→羽化"菜单命令，打开"羽化选区"对话框，❶输入"羽化半径"为 2，❷单击"确定"按钮，羽化选区，如图 3-77 所示。

步骤 04 执行"选择→反选"菜单命令，反选选区，选择除花朵图像外的背景图像，如图 3-78 所示。

图 3-77

图 3-78

步骤 05 打开"调整"面板，在面板中单击"色彩平衡"按钮，新建"色彩平衡 1"调整图层，打开"属性"面板，在面板中设置颜色值为 -50、+40、0，增加青色和绿色，效果如图 3-79 所示。

图 3-79

3.4.5 "变换选区"命令

在 Photoshop 中，执行"变换选区"命令，可以在不更改图像的情况下，调整选区的大小、位置、角度。在图像中创建选区后，执行"选择→变换选区"菜单命令，将在选区周围显示一个矩形的变换编辑框，通过拖动编辑框就能完成选区的缩放、旋转和扭曲等操作。

素材文件 随书资源 \03\ 素材 \16.jpg

最终文件 随书资源 \03\ 源文件 \ "变换选区"命令 .psd

步骤 01 打开素材文件 16.jpg，用"椭圆选框工具"创建一个椭圆形选区，如图 3-80 所示。

步骤 02 执行"选择→变换选区"菜单命令，显示选区的自由变换编辑框，如图 3-81 所示。

图 3-80

图 3-81

步骤 03 将鼠标移至编辑框下边框线上，当鼠标指针变为双向箭头 ‡ 时，单击并向下拖动，调整选区，如图 3-82 所示。

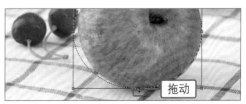

图 3-82

步骤04 将鼠标移到编辑框的另外三条边框线上，使用同样的方法单击并拖动，调整编辑框大小，使其与苹果形状更接近，如图 3-83 所示。

步骤05 ❶在编辑框中右击，❷在弹出的快捷菜单中执行"变形"命令，显示变形编辑框，如图 3-84 所示。

图 3-83

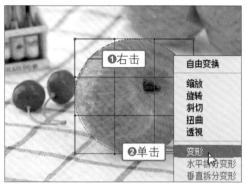

图 3-84

步骤06 将鼠标移至编辑框中的变形控制点上，单击并向内侧拖动，使选区的边框与苹果的外形重合，如图 3-85 所示。

步骤07 将鼠标移至编辑框的其他变形控制点上单击并拖动，调整编辑框，使选区的形状与苹果的外形一致，如图 3-86 所示。

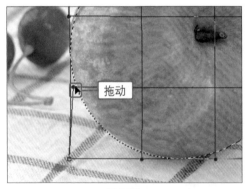

图 3-85

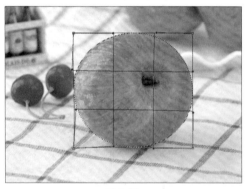

图 3-86

步骤08 按〈Enter〉键，应用"变形"设置，调整选区形状。按快捷键〈Ctrl+J〉，即可抠出选区中的图像，如图 3-87 所示。

图 3-87

3.4.6　存储与载入选区

在 Photoshop 中创建选区后，可以使用"存储选区"命令将选区存储到指定的 Alpha 通道中，在需要时再使用"载入选区"命令将存储的选区载入画面中，用于图像的编辑。

素材文件	随书资源 \03\ 素材 \17.jpg
最终文件	随书资源 \03\ 源文件 \ 存储与载入选区 .psd

步骤 01 打开素材文件 17.jpg，❶使用"快速选择工具"将左侧的鞋子图像添加到选区，❷然后执行"选择→存储选区"菜单命令，如图 3-88 所示。

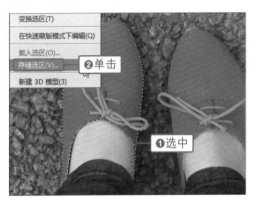

图 3-88

步骤 02 打开"存储选区"对话框，❶输入存储的选区名称为"左脚"，其他选项不变，❷单击"确定"按钮，存储选区，如图 3-89 所示。

图 3-89

步骤 03 切换到"通道"面板，在面板中可看到存储选区时创建的"左脚"通道，单击该通道，查看存储的选区效果，如图 3-90 所示。

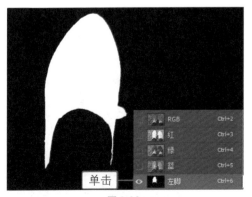

图 3-90

步骤 04 执行"选择→载入选区"菜单命令，打开"载入选区"对话框，❶勾选"反相"复选框，❷单击"确定"按钮，如图 3-91 所示。

图 3-91

步骤 05 此时选中与"左脚"选区相反的区域，如图 3-92 所示。

步骤 06 单击"通道"面板中的 RGB 通道，查看载入选区的效果，如图 3-93 所示。

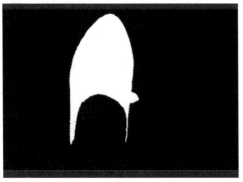

图 3-92

图 3-93

3.5 图像选区的应用

在图像中创建选区后，就可以针对选区中的图像进行操作，例如，自由变换选区中图像的大小和形状，复制和粘贴选区中的图像。此外，还可以对选区进行描边等操作。

3.5.1 自由变换选区图像

使用"自由变换"命令可以对选区中的图像进行任意的缩放、旋转、变形等编辑操作。创建选区后，执行"编辑→自由变换"菜单命令，即可打开自由变换编辑框，通过调整编辑框，可以控制选区中的图像。

素材文件	随书资源 \03\ 素材 \18.jpg
最终文件	随书资源 \03\ 源文件 \ 自由变换选区图像 .psd

步骤 01 打开素材文件 18.jpg，选择"套索工具"，❶在选项栏中输入"羽化"值为 8 像素，❷在水滴图像周围单击并拖动，绘制选区，如图 3-94 所示。

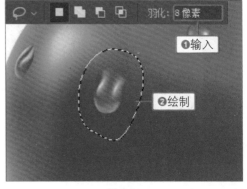

图 3-94

步骤 02 执行"编辑→自由变换"菜单命令或按快捷键〈Ctrl+T〉，打开自由变换编辑框。将鼠标移到编辑框右下角，按住〈Shift〉键不放，单击并向外侧拖动鼠标，放大选区中的图像，如图 3-95 所示。

步骤 03 将图像放大到合适的大小后，释放鼠标，再按〈Enter〉键应用变换，如图 3-96 所示。

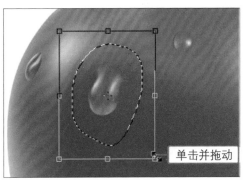

图 3-95

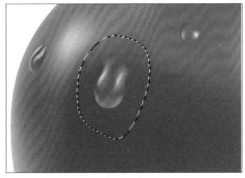

图 3-96

步骤 04 执行"选择→取消选择"菜单命令或按快捷键〈Ctrl+D〉，取消选区，可看到水滴图像放大后变得更加突出，如图 3-97 所示。

图 3-97

3.5.2 复制和粘贴选区图像

应用选区工具在图像中创建选区后，执行"编辑→拷贝"菜单命令，可将选区中的图像复制到剪贴板；执行"编辑→粘贴"菜单命令，可将剪贴板中的图像粘贴到指定的位置。

素材文件 随书资源 \03\ 素材 \19.jpg
最终文件 随书资源 \03\ 源文件 \ 复制和粘贴选区图像 .psd

步骤 01 打开素材文件 19.jpg，结合"椭圆选框工具"和"变换选区"命令在图像中创建选区，选中巧克力图像，如图 3-98 所示。

图 3-98

步骤 02 执行"编辑→拷贝"菜单命令，将选区中的图像复制到剪贴板，如图 3-99 所示。

图 3-99

步骤 03 ❶执行"编辑→粘贴"菜单命令，粘贴剪贴板中的图像，❷在"图层"面板中生成"图层 1"图层，如图 3-100 所示。

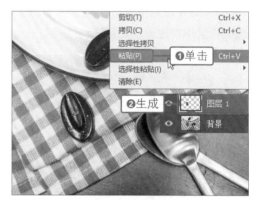

图 3-100

步骤 04 按快捷键〈Ctrl+T〉，打开自由变换编辑框，将鼠标移到编辑框右下角，当鼠标指针变为↲形状时，单击并拖动鼠标，旋转图像，如图 3-101 所示。

图 3-101

步骤 05 双击"图层 1"图层的缩览图，打开"图层样式"对话框，在左侧单击"投影"选项，在右侧输入投影"不透明度"为 58、"角度"为 106、"距离"为 23，如图 3-102 所示。

步骤 06 单击"确定"按钮，返回图像窗口，可看到为粘贴的图像添加了投影效果，使其自然地融入画面，如图 3-103 所示。

图 3-102

图 3-103

3.5.3　描边选区

在 Photoshop 中,可以应用"描边"命令为选区添加轮廓线效果。执行"编辑→描边"菜单命令,打开"描边"对话框,在对话框中可以设置描边线条的粗细、颜色及描边的位置等。

 | 素材文件 | 随书资源 \03\ 素材 \20.jpg
| 最终文件 | 随书资源 \03\ 源文件 \ 描边选区 .psd

步骤 01 打开素材文件 20.jpg,选择"磁性套索工具",❶在选项栏设置"羽化"值为 2 像素,❷在图像中创建选区,❸在"图层"面板中新建"图层 1"图层,如图 3-104 所示。

步骤 02 执行"编辑→描边"菜单命令,打开"描边"对话框,❶输入"宽度"为 5 像素,❷设置描边颜色,❸单击"内部"单选按钮,❹单击"确定"按钮,如图 3-105 所示。

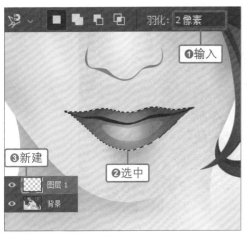

图 3-104

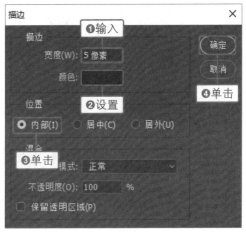

图 3-105

步骤 03 返回图像窗口,执行"选择→取消选择"菜单命令,取消选区,查看对选区进行描边的效果,如图 3-106 所示。

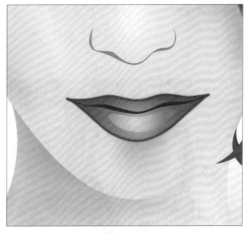

图 3-106

实例演练——为人物添加精致的妆面效果

本实例中，首先使用"套索工具"选择眼睛周围的部分皮肤区域，通过调整其颜色或明暗，为人物添加眼影效果；再使用"快速选择工具"选择嘴唇部分，调整图像，加深嘴唇颜色，让人物气色更好；接着使用"椭圆选框工具"绘制选区，为选区填充颜色，得到粉嫩的腮红效果，如图 3-107 所示。

| 素材文件 | 随书资源 \03\ 素材 \21.jpg |
| 最终文件 | 随书资源 \03\ 源文件 \ 为人物添加精致的妆面效果 .psd |

图 3-107

步骤 01 打开素材文件 21.jpg，选择工具箱中的"套索工具"，❶单击选项栏中的"添加到选区"按钮▣，❷设置"羽化"值为 25 像素，如图 3-108 所示。

步骤 02 鼠标移到左眼上方，单击并拖动鼠标，创建选区，再将鼠标移到右眼上方，单击并拖动鼠标，为已有选区添加新选区，扩大选区的范围，如图 3-109 所示。

图 3-108

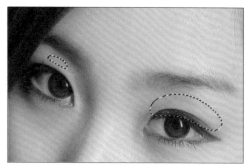

图 3-109

步骤 03 单击工具箱中的"设置前景色"按钮，打开"拾色器（前景色）"对话框，❶输入颜色值为 R48、G0、B0，单击"确定"按钮，❷新建"图层 1"图层，❸按快捷键〈Alt+Delete〉，为选区填充颜色，如图 3-110 所示。

步骤 04 在"图层"面板中确认"图层 1"图层为选中状态，将此图层的混合模式更改为"叠加"，混合图像，为人物添加眼影，效果如图 3-111 所示。

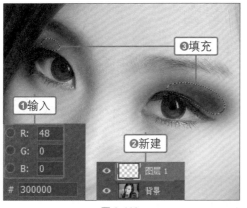

图 3-110

图 3-111

步骤 05 单击"图层"面板中的"添加图层蒙版"按钮▣，❶为"图层 1"添加图层蒙版，❷选择"画笔工具"，设置"不透明度"为 10%，❸在人物眼睛及眼影上方涂抹，使眼影颜色更自然，如图 3-112 所示。

步骤 06 ❶选择"套索工具"，在选项栏中将"羽化"值更改为 10 像素，其他选项不变，❷然后在两只眼睛上方单击并拖动，绘制更小一些的选区，如图 3-113 所示。

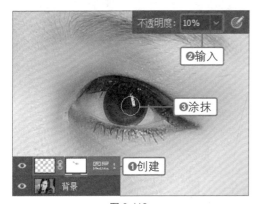

图 3-112

图 3-113

步骤 07 为让眼睛看起来更深邃，新建"曲线 1"调整图层，打开"属性"面板，单击并向下拖动曲线，降低选区内图像的亮度，如图 3-114 所示。

步骤 08 ❶使用"套索工具"在两只眼睛下方创建选区，❷新建"曲线 2"调整图层，单击并向下拖动曲线，加深选区中的图像，如图 3-115 所示。

图 3-114

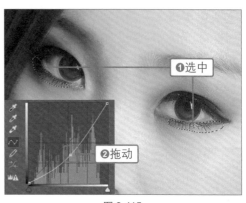

图 3-115

步骤 09 选择工具箱中的"快速选择工具"，❶单击选项栏中的"添加到选区"按钮 ，❷设置画笔大小为 15，❸在人物嘴唇上涂抹，创建选区，如图 3-116 所示。

步骤 10 执行"选择→修改→羽化"菜单命令，打开"羽化选区"对话框，❶输入"羽化半径"为 3，❷单击"确定"按钮，羽化选区，如图 3-117 所示。

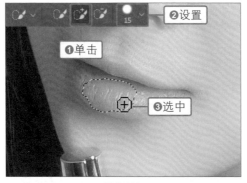

图 3-116

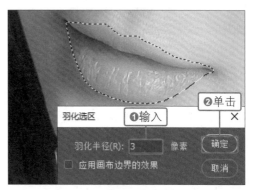

图 3-117

提示 　使用"快速选择工具"选择图像时，为了得到更准确的选区，可以在涂抹过程中根据图像的情况，按右方括号键〈]〉增大画笔笔尖，或按左方括号键〈[〉缩小画笔笔尖。

步骤 11 新建"色彩平衡 1"调整图层，❶在打开的"属性"面板中选择"色调"为"中间调"，❷输入颜色值为 +40、0、+16，增加红色和蓝色，使嘴唇变得更红润，如图 3-118 所示。

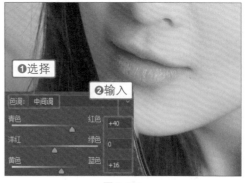

图 3-118

步骤 12 单击工具箱中的"椭圆选框工具"按钮，**❶**在选项栏中设置"羽化"值为50像素，**❷**在人物的脸部单击并拖动，绘制一个椭圆形选区，如图3-119所示。

图 3-119

步骤 14 将鼠标移至编辑框边框线上，当鼠标指针变为双向箭头↔形状时，单击并拖动鼠标，调整选区大小。使用相同的方法，反复调整选区，得到如图3-121所示的选区效果。

图 3-121

步骤 16 执行"选择→取消选择"菜单命令，取消选区。在"图层"面板中选中"图层2"，**❶**设置混合模式为"颜色"，**❷**输入"不透明度"为50%。应用相同的方法，在脸部的其他位置制作自然的腮红效果，如图3-123所示。

步骤 13 执行"选择→变换选区"菜单命令，打开自由变换编辑框，将鼠标移到编辑框任意一个转角附近，当鼠标指针变为折线箭头↰形状时，单击并拖动鼠标，旋转选区，如图3-120所示。

图 3-120

步骤 15 单击工具箱中的"设置前景色"按钮，打开"拾色器（前景色）"对话框，**❶**输入颜色值为R253、G200、B221，单击"确定"按钮，**❷**新建"图层2"图层，**❸**按快捷键〈Alt+Delete〉，为选区填充前景色，如图3-122所示。

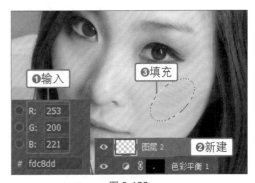

图 3-122

图 3-123

第 4 章　图层的应用

图层就像是一张张叠放在一起的透明纸。用户可以分别处理每个图层，在上面创建图像、文字等内容，在图像窗口中显示的则是各个图层中的内容叠加在一起形成的整体画面效果。几乎所有的图层操作都可以通过"图层"面板完成。

4.1　创建图层

在 Photoshop 中，图层分为很多种，最常见的有普通图层、调整图层、填充图层等，它们各自有不同的作用。下面就来讲解这些图层的创建方法。

4.1.1　创建普通图层

应用 Photoshop 处理图像前，通常需要先复制"背景"图层，这有助于在处理图像之后查看对比效果。除了复制图层，还需要创建新图层，创建新图层可以在"图层"面板中单击"创建新图层"按钮，也可以执行"图层→新建→图层"菜单命令。创建图层后，用户可以根据需要更改图层名称。

素材文件	随书资源 \04\ 素材 \01.jpg、02.psd
最终文件	随书资源 \04\ 源文件 \ 创建普通图层 .psd

步骤 01 启动 Photoshop，打开素材文件 01.jpg，打开后的图像效果如图 4-1 所示。在"图层"面板中可看到一个"背景"图层。

步骤 02 ❶单击"背景"图层，❷将其拖动至面板底部的"创建新图层"按钮上，释放鼠标，❸复制得到"背景 拷贝"图层，如图 4-2 所示。

图 4-1

图 4-2

步骤 03 ❶单击"背景"图层前面的"指示图层可见性"按钮 👁，❷即可隐藏"背景"图层，只显示"背景 拷贝"图层，如图 4-3 所示。

步骤 04 ❶单击"图层"面板底部的"创建新图层"按钮，❷即可创建"图层 1"图层，如图 4-4 所示。

图 4-3

图 4-4

步骤 05 ❶双击"图层 1"图层名称，即可进入图层名称编辑状态，❷然后输入文字"艺术字"并按〈Enter〉键，即可重命名该图层，如图 4-5 所示。

图 4-5

提示 在"图层"面板中，用鼠标单击选中图层后向上或向下拖动，可以调整图层的顺序，从而改变图层中内容的叠加效果。

步骤 06 打开素材文件 02.psd，单击工具箱中的"矩形选框工具"按钮，如图 4-6 所示。

步骤 07 使用"矩形选框工具"绘制选区，如图 4-7 所示，然后执行"编辑→拷贝"菜单命令。

图 4-6

图 4-7

步骤 08 切换至人物图像窗口，❶单击选中"艺术字"图层，❷执行"编辑→粘贴"菜单命令，将文字图像粘贴到"艺术字"图层中，叠加在人物图像上方，如图4-8所示。

步骤 09 按快捷键〈Ctrl+T〉，打开自由变换编辑框，调整文字图像的大小和位置，调整后效果如下图4-9所示。

图 4-8

图 4-9

4.1.2 创建调整图层

调整图层可以将对颜色、明暗、色调等的调整应用于该图层下方的所有图层，但不会永久更改下方图层中的像素。调整的参数存储在调整图层中，可以随时修改，还可以利用调整图层自带的图层蒙版控制调整效果的作用范围。调整图层有多种创建方法，较为常用的是通过"调整"面板中的按钮来创建。

| 素材文件 | 随书资源 \04\ 素材 \03.jpg |
| 最终文件 | 随书资源 \04\ 源文件 \ 创建调整图层 .psd |

步骤 01 打开素材文件 03.jpg，打开后的效果如图 4-10 所示。

步骤 02 执行"窗口→调整"菜单命令,打开"调整"面板，单击单一调整下的"曝光度"，如图 4-11 所示。

步骤 03 ❶此时在"图层"面板中创建"曝光度 1"调整图层，❷并同时打开相应的"属性"面板，如图 4-12 所示。

图 4-10

图 4-11

图 4-12

步骤 04 在"属性"面板中输入"曝光度"为 2.22、"灰度系数校正"为 1.20，设置完成后，返回图像窗口查看，如图 4-13 所示。

图 4-13

步骤 05 在"调整"面板中还提供了各种调整预设，将鼠标放置在调整预设上，可以预览应用后的效果，如图 4-14 所示。

图 4-14

步骤 06 单击其中一种调整预设后，在"图层"面板中将创建多个调整图层，并将这些调整图层放置在一个对应的图层组中，如图 4-15 所示。

提示 若对调整图层的调整效果不满意，在"图层"面板中双击调整图层的缩览图，即可打开相应的"属性"面板修改调整参数。

图 4-15

4.1.3 创建填充图层

填充图层可以为图像营造特殊氛围，分为纯色填充、渐变填充、图案填充 3 种填充方式。单击"图层"面板底部的"创建新图层或调整图层"按钮，在展开的菜单中选择填充图层的类型，即可创建相应的填充图层。

| 素材文件 | 随书资源 \04\ 素材 \04.jpg |
| 最终文件 | 随书资源 \04\ 源文件 \ 创建填充图层 .psd |

步骤 01 打开素材文件 04.jpg，打开后的效果如图 4-16 所示。

图 4-16

步骤 02 ❶单击"图层"面板底部的"创建新的填充或调整图层"按钮 ◑，❷在展开的菜单中执行"纯色"命令，如图 4-17 所示。

步骤 03 打开"拾色器（纯色）"对话框，❶输入颜色值为 R242、G159、B28，❷单击"确定"按钮，如图 4-18 所示。

图 4-17

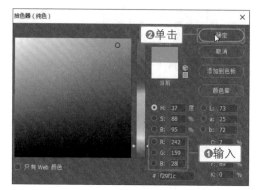

图 4-18

步骤 04 此时即在"图层"面板中创建"颜色填充 1"填充图层，返回图像窗口可看到如图 4-19 所示的效果。

图 4-19

4.2 编辑图层

　　创建了图层之后，还可以对其进行更深入的编辑，如设置图层透明度和图层混合模式、添加图层样式、合并和盖印图层等。与创建图层一样，编辑图层也可以在"图层"面板中完成。

4.2.1 设置图层透明度

　　图层透明度是指图层中图像的透明效果。在"图层"面板中应用"不透明度"选项和"填充"选项可以调整图层的透明度效果。其中，"不透明度"选项控制整个图层的透明度，包括图层中的像素、形状和图层样式；而"填充"选项只影响图层中的像素和形状的不透明度。

素材文件	随书资源 \04\ 素材 \05.psd
最终文件	随书资源 \04\ 源文件 \ 设置图层透明度 .psd

步骤 01 打开素材文件 05.psd，在"图层"面板选中"图层 1"图层，可看到其"不透明度"和"填充"都为100%，如图4-20所示。

步骤 02 在"图层"面板中输入"不透明度"为30%，应用到图像上的效果如图4-21所示。

步骤 03 在"图层"面板中输入"图层 1"图层的"填充"为30%、"不透明度"为100%，效果如图4-22所示。

图 4-20

图 4-21

图 4-22

4.2.2 设置图层混合模式

图层混合模式是指一个图层与其下方图层的色彩叠加方式，常用于图像合成特效的制作。Photoshop 中的图层混合模式分为组合型、加深型、减淡型、对比型、比较型、色彩型 6 大类。应用"图层"面板中的"图层混合模式"选项，可以在不同的图层混合模式之间切换。

| 素材文件 | 随书资源 \04\ 素材 \06.jpg |
| 最终文件 | 随书资源 \04\ 源文件 \ 设置图层混合模式 .psd |

步骤 01 打开素材文件 06.jpg，将"背景"图层拖至面板底部的"创建新图层"按钮上，释放鼠标，得到"背景 拷贝"图层，如图4-23所示。

步骤 02 在"图层"面板中，❶选择图层混合模式为"滤色"，❷输入"不透明度"为60%，如图4-24所示。

图 4-23

图 4-24

步骤 03 ❶单击"图层"面板底部的"创建新的填充和调整图层"按钮 🛇，❷在展开的菜单中执行"渐变"命令，如图 4-25 所示。

步骤 04 打开"渐变填充"对话框，❶选择"红，绿渐变"，❷输入"角度"为 135，❸勾选"反向"复选框，如图 4-26 所示。

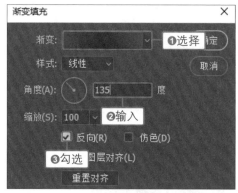

图 4-25

图 4-26

步骤 05 设置完成后，单击"确定"按钮，❶在"图层"面板中创建"渐变填充 1"填充图层，❷设置"渐变填充 1"填充图层的图层混合模式为"滤色""不透明度"为 80%，效果如图 4-27 所示。

图 4-27

4.2.3　添加图层样式

图层样式能以非破坏性的方式更改图层内容的外观，为内容添加阴影、发光、描边、斜面和浮雕等丰富的视觉效果。为图层添加的图层样式与图层内容相链接，移动或编辑图层内容时，会对修改的内容自动应用相同的样式效果。

| 素材文件 | 随书资源 \04\ 素材 \07.jpg |
| 最终文件 | 随书资源 \04\ 源文件 \ 添加图层样式 .psd |

步骤 01 打开素材文件 07.jpg，按快捷键〈Ctrl+J〉，复制"背景"图层，得到"图层 1"图层，如图 4-28 所示。

步骤 02 ❶单击"图层"面板底部的"添加图层样式"按钮 fx，❷在展开的菜单中执行"渐变叠加"命令，如图 4-29 所示。

图 4-28

图 4-29

步骤 03 打开"图层样式"对话框，在对话框左侧将自动勾选"渐变叠加"复选框，并在右侧展开相应的选项，对选项进行设置，如图 4-30 所示。

步骤 04 设置完成后，单击"确定"按钮，返回图像窗口查看添加"渐变叠加"图层样式的效果，在"图层"面板中的"图层1"图层下方会显示相应的样式名称，如图 4-31 所示。

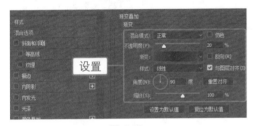

图 4-30

图 4-31

4.2.4 合并和盖印图层

在处理图像的过程中，有时会需要将多个图层的效果合并到一个新图层中，这可以通过"合并图层"或"盖印图层"功能来实现。两者的区别是："合并图层"功能在完成合并后不会保留参与合并的多个图层，而"盖印图层"功能则会保留参与合并的多个图层。

	素材文件	随书资源 \04\ 素材 \08.psd
	最终文件	随书资源\04\源文件\合并和盖印图层.psd

步骤 01 打开素材文件 08.psd，按住〈Ctrl〉键不放，依次单击"背景 拷贝"图层和"色彩平衡 1"调整图层，即可选中这两个图层，如图 4-32 所示。

图 4-32

> **提示** 在"图层"面板中，按住〈Shift〉键不放，分别单击开始和结束位置的图层，即可选中
> 多个连续的图层。

步骤 02 ❶右击选中的图层，在弹出的快捷菜单中执行"合并图层"命令，❷即可合并得到"色彩平衡 1"图层，如图 4-33 所示。

步骤 03 ❶创建"色阶 1"调整图层，❷在打开的"属性"面板中输入色阶值为 0、0.76、255，如图 4-34 所示。

步骤 04 按快捷键〈Ctrl+Shift+Alt+E〉盖印图层，在"图层"面板中得到"图层 1"图层，而原有图层未发生改变，如图 4-35 所示。

图 4-33

图 4-34

图 4-35

4.3 图层组

在 Photoshop 中处理图像时，通常会创建几十个甚至上百个图层，为了方便管理这些图层，可应用图层组将相关的图层组合在一起。

4.3.1 创建和删除图层组

在 Photoshop 中，使用"图层"面板中的按钮和菜单命令，可以轻松完成图层组的创建与删除操作。

素材文件	随书资源 \04\ 素材 \09.jpg
最终文件	随书资源 \04\ 源文件 \ 创建和删除图层组 .psd

步骤 01 在 Photoshop 中打开素材文件 09.jpg，按快捷键〈Ctrl+J〉，复制图层，得到"图层 1"图层，如图 4-36 所示。

图 4-36

步骤 02 在"图层"面板中，❶设置"图层 1"图层的混合模式为"柔光"，❷输入"不透明度"为 80%，如图 4-37 所示。

步骤 03 ❶单击"图层"面板右上角的扩展按钮▤，❷在展开的菜单中执行"新建组"命令，如图 4-38 所示。

图 4-37

图 4-38

步骤 04 打开"新建组"对话框，❶输入图层组的名称为"调色"，❷单击"确定"按钮，❸在"图层"面板中创建"调色"图层组，如图 4-39 所示。

图 4-39

步骤 05 ❶单击"调整"面板中的"曲线"，❷创建"曲线 1"调整图层，❸在"属性"面板中单击并向上拖动曲线，如图 4-40 所示。

图 4-40

步骤 06 执行"选择→色彩范围"菜单命令，打开"色彩范围"对话框，❶选择"高光"选项，❷单击"确定"按钮，创建选区，然后按快捷键〈Ctrl+Shift+I〉，反选选区，如图 4-41 所示。

图 4-41

67

步骤 07 ❶单击"调整"面板中的"色彩平衡"按钮，创建"色彩平衡 1"调整图层，❷选择"中间调"选项，输入数值为 -13、0、+9，❸选择"阴影"选项，输入数值为 -13、0、+15，如图 4-42 所示。

步骤 08 ❶创建"自然饱和度 1"调整图层，❷在"属性"面板中设置"自然饱和度"为 +2、"饱和度"为 +25，如图 4-43 所示。

图 4-42

图 4-43

步骤 09 上述创建的调整图层将自动位于"调色"图层组中，❶单击"调色"图层组前的倒三角形图标，折叠图层组，❷按快捷键〈Ctrl+ Shift+Alt+E〉，盖印图层，得到"图层 2"图层，如图 4-44 所示。

图 4-44

步骤 10 ❶在"图层"面板中单击选中"调色"图层组，❷将该组拖动至面板底部的"删除图层"按钮 🗑 上，如图 4-45 所示。

步骤 11 释放鼠标，即可将"调色"图层组从"图层"面板中删除，删除图层组后的图像效果如图 4-46 所示。

图 4-45

图 4-46

4.3.2　图层组中图层的移入和移出

在"图层"面板中创建图层组后，可以为该组移入和移出图层。在移入和移出图层时，需要注意图层的顺序，否则会影响图像的呈现效果。选中图层，将图层拖进 / 拖出图层组，即可完成图层的移入 / 移出。

素材文件　　随书资源 \04\ 素材 \10.psd
最终文件　　随书资源 \04\ 源文件 \ 图层组中图层的移入和移出 .psd

步骤 01 打开素材文件 10.psd，打开的素材效果如图 4-47 所示。

步骤 02 按住〈Ctrl〉键不放，在"图层"面板中依次单击选中多个图层，如图 4-48 所示。

步骤 03 将选中的图层向上拖动至"组 1"图层组上，如图 4-49 所示。

图 4-47

图 4-48　　　　　　　　　　图 4-49

步骤 04 释放鼠标，即可将选中的图层移入"组1"图层组中，❶单击选中"COLOR"图层，❷将该图层向"组 1"图层组外拖动，如图 4-50 所示。

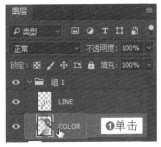

图 4-50

步骤 05 释放鼠标后，即可将"COLOR"图层移出"组 1"图层组。返回到图像窗口查看，由于移动图层时改变了图层的顺序，因此图像效果也随之发生变化，如图 4-51 所示。

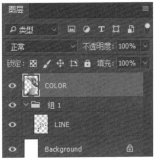

图 4-51

实例演练——巧用图层更改衣服颜色

本实例将通过创建和编辑图层来变换人物的衣服颜色。首先通过创建填充图层改变图像颜色，并利用图层蒙版让新颜色只应用于人物的衣服图像，再修改图层的混合模式，让新颜色融入画面，最后通过创建调整图层，让新颜色更加自然，最终效果如图 4-52 所示。

素材文件	随书资源 \04\ 素材 \11.jpg
最终文件	随书资源 \04\ 源文件 \ 巧用图层更改衣服颜色 .psd

图 4-52

步骤 01 启动 Photoshop，打开素材文件 11.jpg，在"图层"面板中显示"背景"图层，如图 4-53 所示。

图 4-53

步骤 02 ❶按快捷键〈Ctrl+J〉，复制"背景"图层，得到"图层 1"图层，❷设置"图层 1"图层的混合模式为"柔光"，如图 4-54 所示。

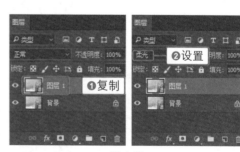

图 4-54

步骤 03 ❶单击"图层"面板底部的"创建新的填充或调整图层"按钮 ，❷在展开的菜单中执行"纯色"命令，如图 4-55 所示。

步骤 04 打开"拾色器（纯色）"对话框，❶设置颜色值为 R250、G32、B32，❷单击"确定"按钮，如图 4-56 所示。

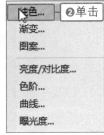

图 4-55

图 4-56

步骤 05 返回到图像窗口,可看到在"图层"面板中创建了"颜色填充 1"填充图层,在画面中填充了设置的颜色,如图 4-57 所示。

步骤 06 ❶单击"颜色填充 1"图层蒙版缩览图,选中图层蒙版,❷设置前景色为黑色,按快捷键〈Alt+Delete〉将蒙版填充上前景色,如图 4-58 所示。

图 4-57

图 4-58

步骤 07 ❶选择"画笔工具",❷单击选项栏中的倒三角按钮 ,❸在打开的"画笔预设"选取器中选择"硬边圆"画笔,如图 4-59 所示。

步骤 08 ❶单击工具箱中的"切换前景色和背景色"图标 ,将前景色设置为白色,❷运用"画笔工具"在图像窗口涂抹人物衣服区域,编辑图层蒙版,如图 4-60 所示。

图 4-59

图 4-60

步骤 09 涂抹完成后,在"图层"面板中设置"颜色填充 1"填充图层的图层混合模式为"颜色",如图 4-61 所示。

步骤 10 使用步骤 07 的方法,❶打开"画笔预设"选取器,选择"柔边圆"画笔,❷然后使用画笔涂抹衣服边缘,编辑图层蒙版,让图像的边缘更加自然,如图 4-62 所示。

71

图 4-61   图 4-62

提示

　　使用"画笔工具"编辑图层蒙版时，调整画笔的"不透明度"和"流量"可使编辑效果更加自然。

步骤 11 ❶按住〈Ctrl〉键不放，单击"颜色填充 1"图层蒙版缩览图，将衣服区域载入选区，❷然后单击"调整"面板中的"曲线"，如图 4-63 所示。

步骤 12 ❶在"图层"面板中创建"曲线 1"调整图层，❷然后在"属性"面板中单击并拖动曲线，如图 4-64 所示。

图 4-63

图 4-64

步骤 13 ❶按住〈Ctrl〉键不放，单击"曲线 1"图层蒙版缩览图，将衣服再次载入选区，❷单击"调整"面板中的"自然饱和度"，如图 4-65 所示。

步骤 14 ❶在"图层"面板中创建"自然饱和度 1"调整图层，❷然后在"属性"面板中输入"自然饱和度"为 -15，如图 4-66 所示。

图 4-65   图 4-66

72

步骤15 创建"色彩平衡 1"调整图层，❶设置"阴影"选项下各参数为 -12、+4、+8，❷设置"中间调"选项下各参数为 -45、+10、+19，效果如图 4-67 所示。

图 4-67

实例演练——用调整图层创建艺术化效果

本实例主要应用"调整"面板创建调整图层，调整图像效果，将普通的风景照片处理成带有动漫艺术效果的图像，最终效果如图 4-68 所示。详细制作过程可观看本书提供的学习视频。

图 4-68

素材文件	随书资源 \04\ 素材 \12.jpg、13.psd
最终文件	随书资源 \04\ 源文件 \ 用调整图层创建艺术化效果 .psd

第 5 章　图像的绘制与修饰

Photoshop 的工具箱提供了多种图像绘制工具和修饰工具，应用这些工具可以对图像进行适当的美化和修饰，如在图像中绘制新的图案、擦除画面多余图像、修复图像中的污点和瑕疵等。本章将运用实例详细地讲解一些常用的绘图工具和修饰工具的使用方法和应用效果。

5.1　图像绘制工具

Photoshop 提供了强大的图像绘制功能，用户可以选择工具箱中的各种绘制工具，绘制出具有创意的图像。常用的绘制工具有"画笔工具""铅笔工具""颜色替换工具""混合器画笔工具"。

5.1.1　画笔工具

"画笔工具"是 Photoshop 中用于绘画的重要工具，可以绘制出任意形状的图像。应用"画笔工具"绘制时，可以结合选项栏和"画笔"面板调整画笔大小、笔尖形状等，从而绘制出符合设计要求的绘画作品。

素材文件	随书资源 \05\ 素材 \01.jpg、雪花笔刷 .abr
最终文件	随书资源 \05\ 源文件 \ 画笔工具 .psd

步骤 01 打开素材文件 01.jpg，设置前景色为白色，单击工具箱中的"画笔工具"按钮 ，如图 5-1 所示。

步骤 02 ❶在选项栏中单击"点按可打开'画笔预设'选取器"按钮，打开"画笔预设"选取器，❷单击右上角的扩展按钮 ，❸在展开的菜单中执行"导入画笔"命令，如图 5-2 所示。

图 5-1

图 5-2

步骤 03 打开"载入"对话框，❶在对话框中找到并单击选中需要载入的"雪花笔刷"画笔文件，❷然后单击下方的"载入"按钮，如图5-3所示。

图 5-3

步骤 05 执行"窗口→画笔设置"菜单命令，打开"画笔设置"面板组，输入"间距"值为500%，调整画笔笔尖距离，如图5-5所示。

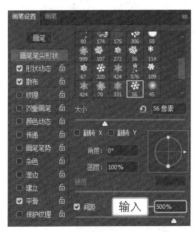

图 5-5

步骤 07 将鼠标移到图像中的适当位置单击，即可绘制出飘落的雪花图案，如图5-7所示。

步骤 04 再次打开"画笔预设"选取器，❶单击并拖动右侧的滚动条至底部，可看到载入的多个雪花画笔，❷单击选中一个雪花画笔，如图5-4所示。

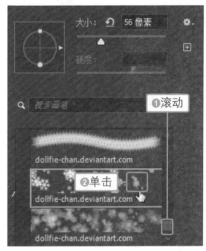

图 5-4

步骤 06 打开"图层"面板，❶在面板底部单击"创建新图层"按钮，❷新建"图层1"图层，用于绘制图像，如图5-6所示。

图 5-6

步骤 08 ❶新建"图层2"图层，❷在选项栏中将画笔"不透明度"设置为50%，继续在图像中单击，绘制更多雪花图案，效果如图5-8所示。

图 5-7

图 5-8

5.1.2 铅笔工具

应用"铅笔工具"可以模拟真实的铅笔笔触,绘制出各种硬边的线条效果。"铅笔工具"的使用方法与"画笔工具"相似，不同的是使用"铅笔工具"绘制的图像稍显生硬，而使用"画笔工具"绘制的图像更加柔和。

素材文件	无
最终文件	随书资源 \05\ 源文件 \ 铅笔工具 .psd

步骤 01 执行"文件→新建"菜单命令，打开"新建"对话框，❶输入文件名为"铅笔工具"，❷输入"宽度"为 1200、"高度"为 1444，❸设置背景颜色为 R250、G251、B246，❹单击"确定"按钮，如图 5-9 所示，创建新文档。

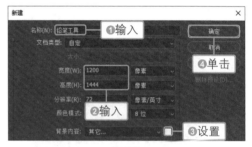

图 5-9

步骤 02 按住工具箱中的"画笔工具"按钮 不放，在展开的画笔工具组中选择"铅笔工具" ，如图 5-10 所示。

步骤 03 在选项栏单击"点按可打开'画笔预设'选取器"按钮，打开"画笔预设"选取器，❶单击右上角的扩展按钮 ，❷在展开的菜单中执行"旧版画笔"命令，如图 5-11 所示。

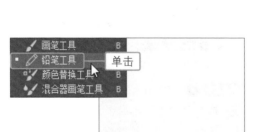

图 5-10

图 5-11

步骤 04 在弹出的对话框中单击"确定"按钮，如图 5-12 所示。

图 5-12

步骤 05 载入"旧版画笔"集，❶单击左侧的倒三角形按钮，展开"默认画笔"集，❷拖动右侧的滑块，❸单击选中"默认画笔"集中的"干性水彩画笔"笔刷，如图 5-13 所示。

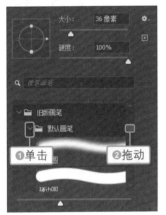

图 5-13

步骤 06 设置前景色为 R36、G36、B36，新建"图层 1"图层，在图像窗口中单击并拖动鼠标，绘制线条作为树枝，如图 5-14 所示。

图 5-14

步骤 07 在选项栏中将画笔大小更改为 70，继续在画面中绘制出更粗一些的线条作为树干，如图 5-15 所示。

图 5-15

步骤 08 更改前景色，并按〈[〉或〈]〉键调整画笔大小，继续在画面中绘制出更多的树枝和树干，如图 5-16 所示。

图 5-16

步骤 09 单击"点按可打开'画笔预设'选取器"按钮，打开"画笔预设"选取器，单击选中"粉笔 23 像素"笔刷，如图 5-17 所示。

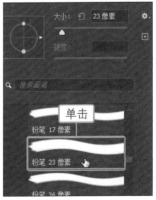

图 5-17

步骤 10 设置前景色为 R195、G20、B37，新建 "图层 2" 图层，在图像窗口中单击，绘制出大红色花朵，如图 5-18 所示。

步骤 11 ❶设置前景色为 R251、G140、B147，❷在选项栏中设置画笔 "不透明度" 为 47%，新建 "图层 3" 图层，单击绘制粉红色花朵，如图 5-19 所示。

步骤 12 继续使用同样的方法，创建新图层，在花朵中间单击，绘制花蕊，最后在画面左上角添加文字，完善画面效果，如图 5-20 所示。

图 5-18

图 5-19

图 5-20

5.1.3 颜色替换工具

　　"颜色替换工具" 可以使用校正颜色在目标颜色上绘画，简单、快速地完成颜色的替换。使用 "颜色替换工具" 替换图像颜色前，需要先在工具箱中将前景色设置为要替换的颜色，然后在图像中需要替换颜色的位置涂抹。

| 素材文件 | 随书资源 \05\ 素材 \02.jpg |
| 最终文件 | 随书资源 \05\ 源文件 \ 颜色替换工具 .psd |

步骤 01 打 开 素 材 文 件 02.jpg，复制 "背景" 图层，设置前景色为 R185、G17、B21，如图 5-21 所示。

图 5-21

步骤 02 选择"颜色替换工具" ，❶在选项栏中设置"限制"为"连续"、"容差"为 65%，❷在花朵上涂抹，替换颜色，如图 5-22 所示。

图 5-22

5.1.4 混合器画笔工具

"混合器画笔工具"可以绘制出逼真的手绘效果。选择"混合器画笔工具"后，可以在选项栏中调整笔触的颜色、潮湿度、混合颜色等，类似于绘制水彩画或油画时调和颜料，从而绘制出更细腻的效果。

素材文件	随书资源 \05\ 素材 \03.jpg
最终文件	随书资源\05\ 源文件 \混合器画笔工具 .psd

步骤 01 打开素材文件 03.jpg，选择"背景"图层，将其拖动到"创建新图层"按钮 上，释放鼠标，复制得到"背景 拷贝"图层，如图 5-23 所示。

图 5-23

步骤 02 ❶单击工具箱中的"吸管工具"按钮 ，❷将鼠标移到画面中的黄色树林上方，单击吸取颜色，如图 5-24 所示。

图 5-24

步骤 03 按住工具箱中的"画笔工具"按钮 不放，在展开的工具组中选择"混合器画笔工具" ，在选项栏打开"画笔预设"选取器，在其中单击选择"圆曲线低硬毛刷百分比"画笔，如图 5-25 所示。

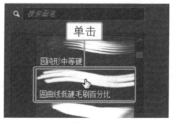

图 5-25

步骤 04 ❶继续在选项栏中设置"潮湿"为 52%、"载入"为 25%、"混合"为 100%、"流量"为 50%，❷将鼠标移到黄色树林位置，涂抹图像，如图 5-26 所示。

步骤 05 单击工具箱中的"吸管工具"按钮，然后将鼠标移到画面中的树干位置，单击吸取颜色，如图 5-27 所示。

图 5-26

图 5-27

步骤 06 单击"混合器画笔工具"按钮，将鼠标移到树干位置，运用画笔涂抹图像，涂抹后的效果如图 5-28 所示。

图 5-28

步骤 07 继续使用"混合器画笔工具"涂抹图像，在涂抹的过程中可以按〈[〉或〈]〉键调整画笔笔尖大小，使涂抹后的图像色彩过渡更自然。涂抹完毕后按快捷键〈Ctrl+Shift+Alt+E〉，盖印图层，得到"图层 1"图层，如图 5-29 所示。

步骤 08 ❶创建"色相/饱和度 1"调整图层，在打开的"属性"面板中设置"饱和度"为 +50，提高图像颜色饱和度；❷再创建"色阶 1"调整图层，在打开的"属性"面板中选择"预设"为"增加对比度 1"选项，增强图像对比效果，如图 5-30 所示。

图 5-29

图 5-30

5.2 | 颜色的填充

在绘制图像时，常常需要用纯色或渐变颜色来填充图层或选区。常用的颜色填充工具有"油漆桶工具"和"渐变工具"，使用这两种工具在图像中单击或拖动，就可以轻松完成填色。

5.2.1 油漆桶工具

"油漆桶工具"用于在特定颜色和与其相近的颜色区域中进行填充。选择工具箱中的"油漆桶工具"后，可以在选项栏中选择使用前景色或图案来填充对象，并且可以通过调整"容差"值来控制填充的范围。

素材文件	随书资源 \05\ 素材 \04.jpg
最终文件	随书资源 \05\ 源文件 \ 油漆桶工具 .psd

步骤 01 打开素材文件 04.jpg，按住"渐变工具"按钮■不放，在展开的工具组中选择"油漆桶工具"，如图 5-31 所示。

步骤 02 单击工具箱中的"设置前景色"按钮，打开"拾色器（前景色）"对话框，❶ 输入颜色值为 R237、G211、B154，❷单击"确定"按钮，如图 5-32 所示。

图 5-31

图 5-32

步骤 03 将鼠标移到需要填充颜色的图像上，如图 5-33 所示。

步骤 04 单击鼠标，即可对鼠标单击区域应用设置的前景色进行填充，如图 5-34 所示。

图 5-33

图 5-34

步骤 05 单击工具箱中的"设置前景色"按钮，打开"拾色器（前景色）"对话框，❶输入颜色值为 R221、G180、B134，❷单击"确定"按钮，如图 5-35 所示。

步骤 06 在"油漆桶工具"选项栏中将"容差"值设置为 20，然后将鼠标移到小熊的耳朵上，如图 5-36 所示。

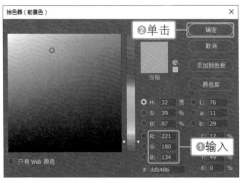

图 5-35

图 5-36

步骤 07 单击鼠标，更改耳朵颜色。使用相同的操作方法，设置不同的前景色并填充小熊的爪子、鼻子等其他部分，填充后的效果如图 5-37 所示。

图 5-37

5.2.2 渐变工具

应用"渐变工具"可以创建多种颜色间的逐渐过渡效果。选择"渐变工具"后，可以在选项栏中选择预设渐变颜色，也可以使用"渐变编辑器"对话框自定义渐变颜色。

| 素材文件 | 随书资源 \05\ 素材 \05.jpg |
| 最终文件 | 随书资源 \05\ 源文件 \ 渐变工具 .psd |

步骤 01 打开素材文件 05.jpg，单击工具箱中的"渐变工具"按钮，❶在显示的选项栏中选择"经典渐变"，❷然后单击渐变条，如图 5-38 所示。

步骤 02 打开"渐变编辑器"对话框，将鼠标移到下方的渐变条最左侧的色标上双击，如图 5-39 所示。

图 5-38

图 5-39

步骤 03 打开"拾色器（色标颜色）"对话框，❶输入颜色值为 R5、G9、B151，❷单击"确定"按钮，如图 5-40 所示。

步骤 04 此时渐变条左侧的色标更改为设定的颜色。❶使用同样的方法更改渐变条右侧色标的颜色，❷完成后单击"确定"按钮，如图 5-41 所示。

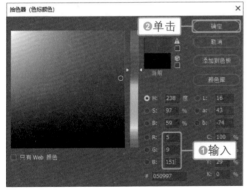

图 5-40

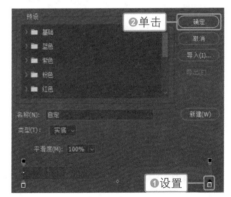

图 5-41

步骤 05 返回图像窗口，❶单击选项栏中的"对称渐变"按钮■，❷勾选"反向"复选框，单击"图层"面板底部的"创建新图层"按钮■，❸新建"图层 1"图层，❹从画面中间向下拖动创建渐变，如图 5-42 所示。

步骤 06 在"图层"面板中选中"图层 1"图层，❶将此图层的混合模式设置为"叠加"，此时图像颜色太深，不够自然，❷所以将"不透明度"设置为 60%，降低透明度，效果如图 5-43 所示。

提示
Photoshop 中还可以使用不同的锚点来灵活操控渐变。在"渐变工具"选项栏中选择"渐变"工作方式，在画布上单击并拖动出渐变构件，然后通过单击并拖动菱形图标来更改色标之间的中点；选择色标圆圈并拖离渐变线，则可以移除画布构件上的色标；双击色标则可以使用拾色器更改颜色。

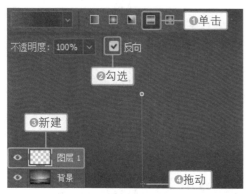

图 5-42　　　　　　　　　　　　　图 5-43

5.3 │ 擦除图像

在 Photoshop 中打开图像后，可以应用工具箱中的"橡皮擦工具""背景橡皮擦工具""魔术橡皮擦工具"擦除多余的图像，以获得需要的画面效果。

5.3.1 橡皮擦工具

"橡皮擦工具"以类似"画笔工具"的方式工作,使用"橡皮擦工具"在像素图层中涂抹,被涂抹的区域会变为透明效果，并显示下方图层中的内容。要注意的是，在"背景"图层或已锁定透明度的图层中使用"橡皮擦工具"进行擦除操作时，被擦除的区域不会变为透明，而是会被填充上工具箱中设置的背景色。

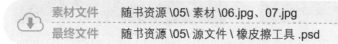

| 素材文件 | 随书资源 \05\ 素材 \06.jpg、07.jpg |
| 最终文件 | 随书资源 \05\ 源文件 \ 橡皮擦工具 .psd |

步骤 01　打开素材文件 06.jpg 和 07.jpg，将 07.jpg 中的蝴蝶图像复制到 06.jpg 中的花朵图像上，并适当旋转，如图 5-44 所示。

步骤 02　❶在工具箱中单击"橡皮擦工具"按钮，❷在选项栏中打开"画笔预设"选取器，单击选择"硬边圆"画笔，如图 5-45 所示。

图 5-44

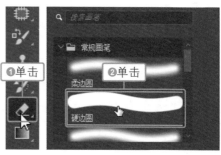

图 5-45

步骤 03 将鼠标移到蝴蝶旁边的背景位置，单击并涂抹，可以看到被涂抹区域的图像被擦除，如图 5-46 所示。

图 5-46

步骤 04 继续使用"橡皮擦工具"涂抹擦除，直到剩下两只蝴蝶的图像。选择"套索工具"，在红色的蝴蝶周围绘制选区，如图 5-47 所示。

图 5-47

步骤 05 按快捷键〈Ctrl+J〉复制选区中的图像，执行"编辑→变换→水平翻转"菜单命令，水平翻转图像，再调整图像的大小和位置，如图 5-48 所示。

图 5-48

步骤 06 选择"橡皮擦工具"，将鼠标移到左侧的红色蝴蝶上，涂抹擦除该蝴蝶图像，如图 5-49 所示。

图 5-49

5.3.2　背景橡皮擦工具

应用"背景橡皮擦工具"可以抹除背景，同时保留前景中对象的边缘，并且可以通过指定不同的取样方式和"容差"设置，控制透明度的范围和边界的锐化程度，擦出更精细的图像效果。

| 素材文件 | 随书资源 \05\ 素材 \08.jpg |
| 最终文件 | 随书资源 \05\ 源文件 \ 背景橡皮擦工具 .psd |

步骤 01 打开素材文件 08.jpg，按住"橡皮擦工具"按钮  不放，在展开的工具组中选择"背景橡皮擦工具"，如图 5-50 所示。

步骤 02 ❶在选项栏中单击"取样：一次"按钮，❷选择"查找边缘"限制方式，❸输入"容差"为 30%，❹应用画笔在保温杯图像边缘涂抹，如图 5-51 所示。

图 5-50

图 5-51

步骤 03 按〈[〉或〈]〉键调整画笔笔尖的大小，继续使用"背景橡皮擦工具"沿画面中的物品边缘单击并涂抹，如图 5-52 所示。

步骤 04 ❶在"背景橡皮擦工具"选项栏中选择"不连续"限制方式，❷设置"容差"为80%，❸继续涂抹背景位置，如图 5-53 所示。

图 5-52

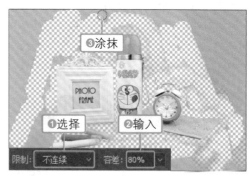

图 5-53

步骤 05 选择"橡皮擦工具"，在未擦除干净的背景位置继续涂抹，擦除更多图像，效果如图 5-54 所示。

图 5-54

提示

在"背景橡皮擦工具"选项栏中选择"不连续"限制方式，将抹除出现在画笔下面任何位置的样本颜色；选择"连续"限制方式，将抹除包含样本颜色并且相互连接的区域；选择"查找边缘"限制方式，将抹除包含样本颜色并且相互连接的区域，同时更好地保留形状边缘的锐化程度。

5.3.3　魔术橡皮擦工具

应用"魔术橡皮擦工具"在图像中单击时，会将所有与单击处像素的颜色相似的像素更改为透明。如果在已锁定透明度的图层中单击,这些像素将更改为背景色;如果在"背景"图层中单击,则将"背景"图层转换为普通图层,并将所有相似的像素更改为透明。"魔术橡皮擦工具"同"背景橡皮擦工具"一样,也可以应用"容差"值控制擦除的图像范围,设置的数值越大，擦除的图像就越多。

素材文件	随书资源 \05\ 素材 \09.jpg
最终文件	随书资源 \05\ 源文件 \ 魔术橡皮擦工具 .psd

步骤 01 打开素材文件 09.jpg，按住工具箱中的"橡皮擦工具"按钮 不放，在打开的工具组中选择"魔术橡皮擦工具"，如图 5-55 所示。

步骤 02 ❶在选项栏中设置"容差"值为 50，❷取消勾选"连续"复选框，❸将鼠标移到蓝色的天空位置，单击鼠标擦除图像，如图 5-56 所示。

图 5-55

图 5-56

5.4 ‖ 修复图像

Photoshop 中的修复类工具可以快速修复图像中的各种瑕疵，如去除镜头污点、美白牙齿、修正红眼等。修复类工具主要有"污点修复画笔工具""修复画笔工具""修补工具""内容感知移动工具""红眼工具"。

5.4.1　污点修复画笔工具

"污点修复画笔工具"可以快速移去图像中的污点和其他不理想的部分。该工具使用图像或图案中的样本像素进行绘画，并将样本像素的纹理、光照、透明度和阴影与所修复的像素相匹配。它的工作方式与"修复画笔工具"类似，不同的是，"污点修复画笔工具"不需要指定样本点，会自动从所修复区域的周围取样。

素材文件	随书资源 \05\ 素材 \10.jpg
最终文件	随书资源 \05\ 源文件 \ 污点修复画笔工具 .psd

步骤 01 打开素材文件 10.jpg，单击"图层"面板底部的"创建新图层"按钮，新建"图层 1"图层，如图 5-57 所示。

步骤 02 ❶选择"污点修复画笔工具"，❷在选项栏中设置笔尖大小为 25，❸勾选"对所有图层取样"复选框，❹将鼠标移到面部斑点位置，如图 5-58 所示。

图 5-57

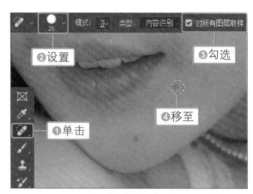

图 5-58

步骤 03 在鼠标所在的斑点位置单击，即可去掉斑点，如图 5-59 所示。

步骤 04 根据皮肤上瑕疵的大小，按〈[〉或〈]〉键调整笔尖大小，继续单击修复瑕疵，得到更干净的皮肤效果，如图 5-60 所示。

图 5-59

图 5-60

5.4.2 修复画笔工具

"修复画笔工具"可以利用图像或图案中的样本像素来绘画，并且可以将样本像素的纹理、光照、透明度和阴影与所修复的像素进行匹配，从而使修复后的像素不留痕迹地融入图像中。

	素材文件	随书资源 \05\ 素材 \11.jpg
	最终文件	随书资源 \05\ 源文件 \ 修复画笔工具 .psd

步骤 01 打开素材文件 11.jpg，在"图层"面板中复制"背景"图层，得到"背景 拷贝"图层，如图 5-61 所示。

步骤 02 单击工具箱中的"修复画笔工具"按钮，将鼠标移到干净的背景位置，按住〈Alt〉键不放，单击取样图像，如图 5-62 所示。

图 5-61

图 5-62

步骤 03 取样图像后，将鼠标移到背景中的瑕疵位置，单击并拖动鼠标，修复图像，如图 5-63 所示。

步骤 04 继续使用"修复画笔工具"修复图像，得到更整洁的背景效果，如图 5-64 所示。

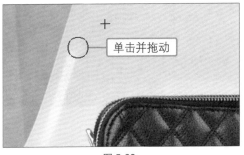

图 5-63

图 5-64

5.4.3　修补工具

"修补工具"可以用其他区域或图案中的像素来修补选中的区域。与"修复画笔工具"一样，"修补工具"也会将样本像素的纹理、光照和阴影与原像素进行匹配。除此之外，还可以使用"修补工具"来仿制图像中的某些区域。

	素材文件	随书资源 \05\ 素材 \12.jpg
	最终文件	随书资源 \05\ 源文件 \ 修补工具 .psd

步骤 01 在 Photoshop 中打开素材文件 12.jpg，按快捷键〈Ctrl+J〉，复制"背景"图层，在"图层"面板中生成"图层 1"图层，如图 5-65 所示。

步骤 02 适当放大图像，在工具箱中单击"修补工具"按钮 ，在选项栏中单击选择"源"修补模式，如图 5-66 所示。

图 5-65

图 5-66

步骤 03 将鼠标移到画面中需要去除的图像位置，单击并拖动鼠标，创建选区，如图 5-67 所示。

步骤 04 将选区拖动到旁边干净的海面位置，释放鼠标，修复图像，如图 5-68 所示。

图 5-67

图 5-68

步骤 05 继续使用"修复工具"修复图像，去掉海面上其他的物体和人物剪影，效果如图 5-69 所示。

图 5-69

5.4.4　内容感知移动工具

"内容感知移动工具"是一个简单、实用的智能修复工具，它有两大功能：一是感知移动功能，主要用来移动图片中的对象，并随意放置到合适的位置，移动后产生的空隙会被智能修复；二是快速复制功能，选取想要复制的部分，移到其他位置就可以实现复制，复制图像的边缘会自动柔化处理，并与周围像素融合。

素材文件	随书资源 \05\ 素材 \13.jpg
最终文件	随书资源 \05\ 源文件 \ 内容感知移动工具 .psd

步骤 01　在 Photoshop 中打开素材文件 13.jpg，按快捷键〈Ctrl+J〉，复制"背景"图层，得到"图层 1"图层，如图 5-70 所示。

步骤 02　选择"内容感知移动工具" ✄，①在选项栏中设置"模式"为"扩展"、"结构"为 4，②在影子左侧的草地上绘制选区，如图 5-71 所示。

图 5-70

图 5-71

步骤 03　将选区中的草地图像向右拖动到影子图像上，释放鼠标，应用选区中的草地图像遮盖影子图像，如图 5-72 所示。

步骤 04　继续使用"内容感知移动工具"在图像中创建并拖动选区，去除多余的影子图像，得到干净的画面效果，如图 5-73 所示。

图 5-72

图 5-73

5.4.5 红眼工具

在拍摄人像照片时，常常会因灯光或闪光灯的照射，在人物瞳孔中产生红点、白点等反射光点。"红眼工具"专门用于消除这种光点。选择该工具后，在选项栏设置好瞳孔大小及变暗数值，然后在图像中的瞳孔位置单击，就可以快速去除红眼现象。

素材文件	随书资源 \05\ 素材 \14.jpg
最终文件	随书资源 \05\ 源文件 \ 红眼工具 .psd

步骤 01 打开素材文件 14.jpg，按快捷键〈Ctrl+J〉复制图像，按快捷键〈Ctrl++〉放大图像，可以看到有明显的红眼现象，如图 5-74 所示。

步骤 02 选择工具箱中的"红眼工具" ，❶在选项栏中设置"瞳孔大小"为 60%、"变暗量"为 66%，❷在一只眼睛上方单击并拖动，如图 5-75 所示。

图 5-74

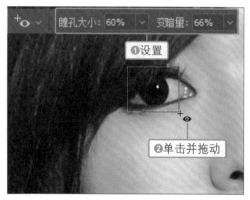

图 5-75

步骤 03 当拖动到同眼球相似的大小时，释放鼠标，去除红眼效果，如图 5-76 所示。

步骤 04 继续使用相同的方法，去除另外一只眼睛上的红眼效果，如图 5-77 所示。

图 5-76

图 5-77

5.5 润饰图像

Photoshop 提供了一系列用于润饰图像的工具，使用这些工具可以快速调整图像的颜色、明暗等，并且可以调整图像清晰度，使图像变得更加模糊或清晰。图像润饰工具主要包含"模糊 / 锐化工具""涂抹工具""加深 / 减淡工具""海绵工具"。

5.5.1 模糊 / 锐化工具

使用"模糊 / 锐化工具"可以对图像进行快速模糊或锐化。选择工具箱中的"模糊 / 锐化工具"后，可以在选项栏中设置模糊或锐化的范围和强度，然后在需要处理的图像上单击并涂抹，就能使涂抹过的区域变得更加模糊或清晰。

素材文件	随书资源 \05\ 素材 \15.jpg
最终文件	随书资源 \05\ 源文件 \ 模糊 / 锐化工具 .psd

步骤 01 打开素材文件 15.jpg，单击工具箱中的"模糊工具"按钮 ，选择工具，如图 5-78 所示。

步骤 02 ❶在选项栏中输入"强度"值为 100%，❷在背景及花瓣边缘位置涂抹，模糊图像，如图 5-79 所示。

图 5-78

图 5-79

步骤 03 按住工具箱中的"模糊工具"按钮不放，❶在展开的工具组中单击"锐化工具"按钮 ，❷在工具选项栏中输入"强度"值为 30%，❸在花朵中间位置涂抹，锐化图像，如图 5-80 所示。

图 5-80

步骤 04 新建"色彩平衡 1"调整图层，在打开的"属性"面板中输入颜色值为 -32、+38、0，增强图像的青色和绿色，效果如图 5-81 所示。

图 5-81

5.5.2　涂抹工具

使用"涂抹工具"可以模拟手指绘图在图像中产生的流动效果，涂抹的起始点颜色会随着"涂抹工具"的滑动自动延伸。

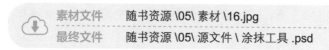

素材文件	随书资源 \05\ 素材 \16.jpg
最终文件	随书资源 \05\ 源文件 \ 涂抹工具 .psd

步骤 01 打开素材文件 16.jpg，按住工具箱中的"模糊工具"按钮不放，在展开的工具组中选择"涂抹工具" ，如图 5-82 所示。

步骤 02 ❶在选项栏中设置画笔大小为 30、"强度"为 10%，❷将鼠标移到脸部皮肤上，单击并涂抹，如图 5-83 所示。

图 5-82

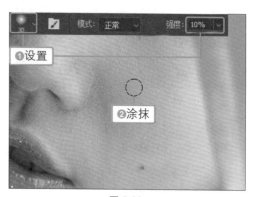

图 5-83

步骤 03 按〈[〉或〈]〉键调整画笔笔尖大小，继续在皮肤上涂抹，混合颜色，得到更光滑的皮肤效果，如图 5-84 所示。

步骤 04 ❶在选项栏中设置"强度"为 60%，❷将画笔调整至合适的大小后，将鼠标移到嘴角上，单击并向右上方拖动，如图 5-85 所示。

图 5-84

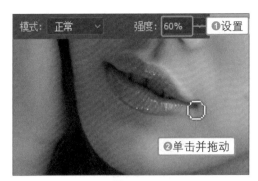

图 5-85

步骤 05 继续涂抹图像，制作出嘴角上翘的效果。❶单击"污点修复画笔工具"按钮，❷在皮肤的瑕疵上单击，修复瑕疵，如图 5-86 所示。

步骤 06 新建"色阶 1"调整图层，打开"属性"面板，在面板中选择"中间调较亮"预设选项，提亮图像，如图 5-87 所示。

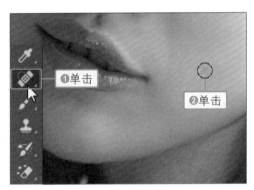

图 5-86

图 5-87

5.5.3 加深／减淡工具

应用"减淡工具"和"加深工具"在图像中涂抹，可使涂抹过的区域变亮或变暗，在某个区域中涂抹的次数越多，该区域就会变得越亮或越暗。用户可以在选项栏中调整"曝光度"来确定减淡或加深的强度。

| 素材文件 | 随书资源 \05\ 素材 \17.jpg |
| 最终文件 | 随书资源 \05\ 源文件 \ 加深／减淡工具 .psd |

步骤 01 打开素材文件 17.jpg，❶复制"背景"图层，选择工具箱中的"减淡工具" ，❷在选项栏中设置"范围"为"高光"、"曝光度"为 20%，❸在天空及云层位置涂抹，如图 5-88 所示。

步骤 02 ❶在选项栏中将"曝光度"降至 5%，其他参数不变，❷在画面远处的雪山图像上方涂抹，使雪山图像变得更亮，如图 5-89 所示。

图 5-88

图 5-89

步骤 03 ❶在选项栏中设置"范围"为"中间调"、"曝光度"为 50%，❷在近处的山峰位置涂抹，提亮图像，如图 5-90 所示。

步骤 04 在工具箱中选中"加深工具" ，❶在选项栏中设置"范围"为"阴影"、"曝光度"为 5%，❷在中间的山峰位置涂抹，加深阴影部分，如图 5-91 所示。

图 5-90

图 5-91

步骤 05 使用"矩形选框工具"在画面上方绘制矩形选区，执行"选择→修改→羽化"菜单命令，打开"羽化选区"对话框，❶输入"羽化半径"为 150，❷单击"确定"按钮，羽化选区。如图 5-92 所示。

步骤 06 新建"曲线 1"调整图层，打开"属性"面板，在面板中的曲线中间位置单击并向上拖动，提亮中间调部分，天空部分变得更加明亮，如图 5-93 所示。

图 5-92

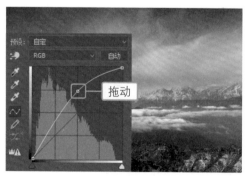

图 5-93

5.5.4 海绵工具

"海绵工具"通过涂抹绘制的方式精确修改对象或指定区域图像的颜色饱和度，使其颜色变得更深或更浅。选择工具箱中的"海绵工具"，在选项栏中的"模式"下拉列表中可选择图像的绘制方式，选择"去色"模式会降低图像的颜色饱和度，选择"加色"模式会增加图像的颜色饱和度。

| 素材文件 | 随书资源 \05\ 素材 \18.jpg |
| 最终文件 | 随书资源 \05\ 源文件 \ 海绵工具 .psd |

步骤 01 打开素材文件18.jpg，复制"背景"图层，得到"背景 拷贝"图层，如图 5-94 所示。

步骤 02 在工具箱中选择"海绵工具" ，❶在选项栏中设置"模式"为"去色"、"流量"为 100%，❷涂抹背景图像，如图 5-95 所示。

步骤 03 调整画笔笔尖大小，继续使用"海绵工具"涂抹图像，去除背景部分颜色，突出画面中的红色高跟鞋，如图 5-96 所示。

图 5-94

图 5-95

图 5-96

实例演练——美化图像，增强画面层次感

通过对照片进行适当的修饰与美化，能够得到更加理想的摄影作品。在本实例中，先使用"加深 / 减淡工具"调整风光照片的光影层次，然后使用"魔术橡皮擦工具"擦除素材中的天空图像，并用新的图像替换，最后为图像添加边框和文字修饰，得到更有层次的画面，如图 5-97 所示。

	素材文件	随书资源 \05\ 素材 \19.jpg、20.jpg
	最终文件	随书资源 \05\ 源文件 \ 美化图像，增强画面层次感 .psd

图 5-97

步骤 01 打开素材文件 19.jpg，在"图层"面板中复制"背景"图层，得到"背景 拷贝"图层，如图 5-98 所示。

步骤 02 ❶单击工具箱中的"加深工具"按钮，❷在选项栏中设置"范围"为"高光"、"曝光度"为 5%，❸在较亮的山峰位置涂抹，如图 5-99 所示。

图 5-98

图 5-99

步骤 03 ❶单击工具箱中的"减淡工具"按钮，❷在选项栏中设置"范围"为"阴影"、"曝光度"为 5%，❸将鼠标移到左侧较暗的山峰位置，涂抹提亮阴影部分，如图 5-100 所示。

步骤 04 ❶按快捷键〈Ctrl+Shift+Alt+E〉，盖印图层，得到"图层 1"图层，❷选择"魔术橡皮擦工具"，在选项栏中设置"容差"值为 20，❸取消勾选"连续"复选框，如图 5-101 所示。

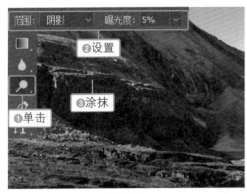

图 5-100

图 5-101

步骤 05 将鼠标移到蓝色的天空位置，单击鼠标，将与鼠标单击位置相似的颜色擦除，如图 5-102 所示。

步骤 06 继续使用"魔术橡皮擦工具"单击擦除更多蓝色的天空图像，只保留下方的山景部分，如图 5-103 所示。

图 5-102

图 5-103

步骤 07 打开素材文件 20.jpg，将其中的图像复制到山景图像下方，在"图层"面板中生成"图层 2"图层；按快捷键〈Ctrl+T〉，将图像调整至合适的大小，如图 5-104 所示。

步骤 08 单击"调整"面板中的"色阶"按钮，在"图层 2"图层上方新建"色阶 1"调整图层，在打开的"属性"面板中选择"增加对比度 2"预设选项，增强对比效果，如图 5-105 所示。

图 5-104

图 5-105

99

步骤 09 ❶选择"矩形选框工具"，沿画面边缘单击并拖动鼠标，绘制矩形选区，❷再在选项栏中单击"从选区减去"按钮，❸在创建的矩形选区内部绘制一个小一些的矩形选区，如图 5-106 所示。

步骤 10 ❶在工具箱中设置前景色为白色，❷选择"油漆桶工具"，将鼠标移到选区中单击，为选区填充颜色，❸使用"横排文字工具"在白色边框中输入文字，如图 5-107 所示。

图 5-106

图 5-107

实例演练——修复图像，打造细滑的皮肤

在本实例中，将运用"模糊工具"对人物的皮肤进行磨皮处理，再运用"污点修复画笔工具"和"修补工具"去除图像中的瑕疵，最后运用调整图层适当调整图像颜色，展现光滑细腻的皮肤，效果如图 5-108 所示。详细制作过程可观看本书提供的学习视频。

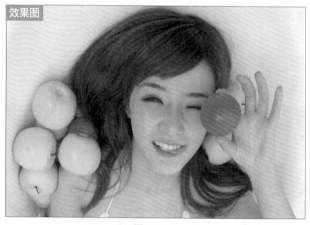

图 5-108

素材文件	随书资源 \05\ 素材 \21.jpg
最终文件	随书资源 \05\ 源文件 \ 修复图像，打造细滑的皮肤 .psd

第 6 章　颜色的调整与应用

颜色是影响一幅图像整体效果的重要因素，不同的颜色设置会给观者带来不同的视觉感受。Photoshop 提供了大量用于调整图像明暗、色彩的命令，应用这些命令可以快速创建更为出彩的画面效果。本章主要讲解 Photoshop 中常用的调整命令，运用小实例详细地展示不同调整命令的应用方法和效果。

6.1　快速调整图像

应用"图像"菜单中的自动调整命令可以快速校正照片的色调、对比度和颜色。自动调整命令包含"自动色调""自动对比度""自动颜色"3 个命令。

6.1.1　"自动色调"命令

使用"自动色调"命令可以自动调整图像的暗部和亮部。该命令可以对每个颜色通道进行调整，并将每个颜色通道中最亮和最暗的像素调整为纯白和纯黑，中间像素值按比例重新分布。由于"自动色调"命令是单独调整每个通道，所以可能会移去颜色或引入色偏。

素材文件	随书资源 \06\ 素材 \01.jpg
最终文件	随书资源 \06\ 源文件 \"自动色调"命令 .psd

 在 Photoshop 中打开素材文件 01.jpg，按快捷键〈Ctrl+J〉复制"背景"图层，得到"图层 1"图层，如图 6-1 所示。

步骤 02　执行"图像→自动色调"菜单命令，自动调整图像整体色调，突出更清冷的雪山效果，如图 6-2 所示。

图 6-1　　　　　　　　　　　　图 6-2

6.1.2 "自动对比度"命令

使用"自动对比度"命令可以自动调整图像中颜色的对比度。由于该命令不会单独调整通道，所以不会增加或消除色偏问题。"自动对比度"命令可以将图像中最亮和最暗的像素映射到白色和黑色，使高光部分显得更亮，而阴影部分显得更暗。

| 素材文件 | 随书资源 \06\ 素材 \02.jpg |
| 最终文件 | 随书资源 \06\ 源文件 \ "自动对比度"命令 .psd |

步骤 01 在 Photoshop 中打开素材文件 02.jpg，按快捷键〈Ctrl+J〉复制"背景"图层，得到"图层 1"图层，如图 6-3 所示。

步骤 02 执行"图像→自动对比度"菜单命令，自动调整图像对比，得到更有层次的画面，效果如图 6-4 所示。

图 6-3

图 6-4

6.1.3 "自动颜色"命令

"自动颜色"命令通过搜索图像来标识阴影、中间调和高光，从而调整图像的对比度和颜色。默认情况下，"自动颜色"使用 RGB128 灰色这一目标颜色来中和中间调，并将阴影和高光像素剪切 0.5%，从而还原图像中各部分的真实颜色。

| 素材文件 | 随书资源 \06\ 素材 \03.jpg |
| 最终文件 | 随书资源 \06\ 源文件 \ "自动颜色"命令 .psd |

步骤 01 在 Photoshop 中打开素材文件 03.jpg，按快捷键〈Ctrl+J〉复制"背景"图层，得到"图层 1"图层，如图 6-5 所示。

图 6-5

步骤 02 执行"图像→自动颜色"菜单命令，得到颜色偏冷的图像，效果如图 6-6 所示。

图 6-6

6.2 图像明暗的调整

受拍摄环境的影响，图像也会存在一定的明暗变化。Photoshop 提供了许多用于调整图像明暗的命令，如"亮度 / 对比度"命令、"色阶"命令、"曲线"命令等。使用这些命令可以轻松解决图像中的各种明暗问题，创建清晰、明亮的画面效果。

6.2.1 "亮度 / 对比度"命令

"亮度 / 对比度"命令用于提高或降低图像的亮度和对比度，适用于调整光线不足、昏暗的图像。执行"图像→调整→亮度 / 对比度"菜单命令，在打开的"亮度 / 对比度"对话框中，通过拖动"亮度"和"对比度"选项滑块即可更改图像的亮度和对比度，设置的参数越大，图像就越明亮，对比度也越强烈。

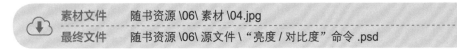

素材文件   随书资源 \06\ 素材 \04.jpg

最终文件   随书资源 \06\ 源文件 \ "亮度 / 对比度"命令 .psd

步骤 01 打开素材文件 04.jpg，复制"背景"图层，在"图层"面板中生成"背景 拷贝"图层，如图 6-7 所示。

步骤 02 执行"图像→调整→亮度 / 对比度"菜单命令，打开"亮度 / 对比度"对话框，输入"亮度"为 150、"对比度"为 10，如图 6-8 所示。

图 6-7

图 6-8

步骤 03 单击"确定"按钮，返回图像窗口，查看调整亮度和对比度后的图像。然后按快捷键〈Ctrl+J〉复制图层，在"图层"面板中得到"背景 拷贝 2"图层，如图 6-9所示。

步骤 04 执行"滤镜→ Camera Raw 滤镜"菜单命令，❶在打开的对话框中的"细节"选项卡下设置"明亮度"为 70，单击"确定"按钮，❷添加蒙版，用黑色的画笔涂抹，还原清晰的花朵图像，如图 6-10 所示。

图 6-9

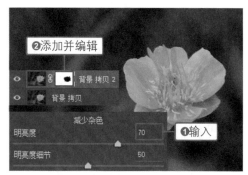

图 6-10

6.2.2 "色阶"命令

"色阶"命令通过修改图像的阴影、中间调和高光区域的亮度来调整图像的色调范围和色彩。执行"图像→调整→色阶"菜单命令，在打开的"色阶"对话框中拖动色阶滑块即可调整图像。用"色阶"调整图层也能达到同样的目的。

素材文件　随书资源 \06\ 素材 \05.jpg
最终文件　随书资源 \06\ 源文件 \ "色阶"命令 .psd

步骤 01 打开素材文件 05.jpg，单击"调整"面板中的"色阶"，如图 6-11 所示，新建"色阶 1"调整图层。

步骤 02 打开"属性"面板，在面板中分别输入色阶值为 1、2.29、212，分别调整图像阴影、中间调和高光部分的亮度，如图 6-12 所示。

图 6-11

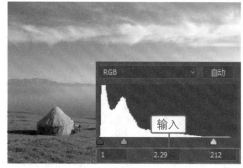

图 6-12

步骤 03 ❶单击"色阶 1"图层蒙版缩览图，❷选择"渐变工具"，在选项栏中选择"黑，白渐变"，❸在图像中间位置单击并向下拖动，如图 6-13 所示。

图 6-13

步骤 04 接下来需要调整天空部分，❶按住〈Ctrl〉键不放，单击"图层"面板中的"色阶 1"图层蒙版缩览图，❷载入蒙版选区，如图 6-14 所示。

图 6-14

步骤 05 执行"选择→反选"菜单命令，或按快捷键〈Ctrl+Shift+I〉，反选选区，如图 6-15 所示。

图 6-15

步骤 06 单击"调整"面板中的"色阶"按钮，新建"色阶 2"调整图层，❶在打开的"属性"面板中输入色阶值为 0、1.66、255，❷选择"蓝"通道，❸输入色阶值为0、0.82、107，如图 6-16 所示。

图 6-16

步骤 07 应用"色阶 2"调整图层后，天空部分变得更加明亮，如图 6-17 所示。

提示

　　使用"色阶"命令调整图像时，会将调整应用于当前选中的图层，确认后将不能对参数进行更改。为了方便后期处理，可以通过"调整"面板创建"色阶"调整图层来调整图像。

图 6-17

6.2.3 "曲线"命令

应用"曲线"命令可以调整图像整体或单个通道的对比度、亮度和颜色。执行"图像→调整→曲线"菜单命令，打开"曲线"对话框，可在"预设"下拉列表框中选择预设曲线快速调整图像，也可根据需要在曲线上单击添加曲线点，再拖动曲线点来调整图像。

素材文件	随书资源 \06\ 素材 \06.jpg
最终文件	随书资源 \06\ 源文件 \ "曲线" 命令 .psd

步骤 01 在 Photoshop 中打开素材文件 06.jpg，按快捷键〈Ctrl+J〉复制"背景"图层，得到"图层 1"图层，如图 6-18 所示。

步骤 02 执行"图像→调整→曲线"菜单命令，打开"曲线"对话框，在曲线中间位置单击添加一个曲线点，并向上拖动该点，提亮中间调部分，如图 6-19 所示。

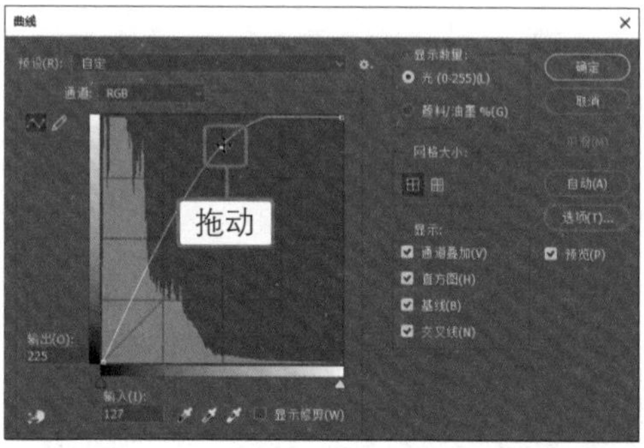

图 6-18

图 6-19

步骤 03 将鼠标移到曲线左下角位置，❶单击并向上拖动该曲线点，提高阴影部分的亮度，❷设置完成后单击"确定"按钮，如图 6-20 所示。

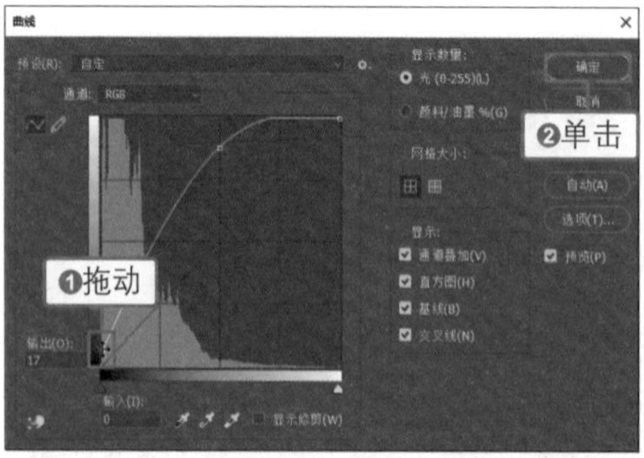

步骤 04 在图像窗口中可看到，应用"曲线"调整后，图像的亮度提高了，如图 6-21 所示。

图 6-20

图 6-21

步骤 05 执行"图像→调整→曲线"菜单命令，打开"曲线"对话框，单击"预设"下拉按钮，❶在展开的下拉列表中单击"线性对比度（RGB）"选项，❷单击"确定"按钮，如图 6-22 所示。

步骤 06 在图像窗口中可看到，再次应用"曲线"调整后，增强了图像对比效果，如图 6-23 所示。

图 6-22

图 6-23

6.2.4 "曝光度"命令

　　"曝光度"命令主要通过减少或增加曝光量，使曝光过度或曝光不足导致偏亮或偏暗的画面恢复到正常曝光效果。执行"图像→调整→曝光度"菜单命令，在打开的"曝光度"对话框中设置"曝光度""位移""灰度系数校正"等选项调整画面曝光。

| 素材文件 | 随书资源 \06\ 素材 \07.jpg |
| 最终文件 | 随书资源 \06\ 源文件 \ "曝光度"命令 .psd |

步骤 01 打开素材文件 07.jpg，在"图层"面板中选择"背景"图层，将其拖动至"创建新图层"按钮🖿上，释放鼠标，复制得到"背景 拷贝"图层，如图 6-24 所示。

步骤 02 执行"图像→调整→曝光度"菜单命令，打开"曝光度"对话框，❶输入"曝光度"为 +3.1、"灰度系数校正"为 1.2，❷单击"确定"按钮，如图 6-25 所示。

图 6-24

图 6-25

步骤 03 返回图像窗口，可以看到应用"曝光度"命令进行调整后，原来灰暗的图像变得明亮起来，效果如图 6-26 所示。

图 6-26

6.2.5 "阴影 / 高光"命令

通过"阴影 / 高光"命令可以将图像的阴影部分调亮或将高光部分调暗，此命令多用于修复逆光拍摄的照片。执行"图像→调整→阴影 / 高光"菜单命令，即可打开"阴影 / 高光"对话框，在对话框中勾选"显示更多选项"复选框，将显示更多选项，有助于使调整后的图像影调过渡得更自然。

素材文件	随书资源 \06\ 素材 \08.jpg
最终文件	随书资源 \06\ 源文件 \ "阴影 / 高光"命令 .psd

步骤 01 打开素材文件 08.jpg，按快捷键〈Ctrl+J〉复制"背景"图层，得到"图层 1"图层，如图 6-27 所示。

步骤 02 执行"图像→调整→阴影 / 高光"菜单命令，打开"阴影 / 高光"对话框，设置"阴影"的"数量"为 40，如图 6-28 所示。

步骤 03 设置后单击"确定"按钮，应用设置的选项调整图像中阴影部分的亮度，恢复图像的暗部细节，如图 6-29 所示。

图 6-27

图 6-28

图 6-29

6.3 图像色彩的调整

在 Photoshop 中，用于调整图像颜色的命令包括"自然饱和度""色相/饱和度""色彩平衡"等，执行命令后在打开的对话框中设置选项即可完成调整。此外，在"调整"面板中可以找到与大部分调整命令对应的按钮，单击按钮创建调整图层，在打开的"属性"面板中设置选项，可以实现和调整命令一样的调整效果。

6.3.1 "自然饱和度"命令

应用"自然饱和度"命令调整图像的颜色饱和度，可以在颜色接近最大饱和度时最大限度地减少修剪。执行"图像→调整→自然饱和度"菜单命令，打开"自然饱和度"对话框，在对话框中设置参数，即可调整图像的颜色饱和度。

素材文件	随书资源 \06\ 素材 \09.jpg
最终文件	随书资源 \06\ 源文件 \ "自然饱和度"命令 .psd

步骤 01 打开素材文件 09.jpg，按快捷键〈Ctrl+J〉复制"背景"图层，得到"图层 1"图层，如图 6-30 所示。

图 6-30

步骤 03 在图像窗口中可看到画面的色彩强度增强了，如图 6-32 所示。

步骤 02 执行"图像→调整→自然饱和度"菜单命令，打开"自然饱和度"对话框，❶设置"自然饱和度"为 +100、"饱和度"为 +50，❷单击"确定"按钮，如图 6-31 所示。

图 6-31

图 6-32

6.3.2 "色相/饱和度"命令

使用"色相/饱和度"命令可以调整图像中特定颜色范围的色相、饱和度和亮度，也可以同时调整图像中的所有颜色。此命令尤其适用于微调 CMYK 图像中的颜色，以使它们处于输出设备的色域内。执行"图像→调整→色相/饱和度"菜单命令，打开"色相/饱和度"对话框，在对话框中设置各项参数，即可调整图像的颜色。

素材文件	随书资源 \06\ 素材 \10.jpg
最终文件	随书资源 \06\ 源文件 \ "色相/饱和度"命令 .psd

步骤 01 打开素材文件 10.jpg，复制"背景"图层，得到"背景 拷贝"图层，如图 6-33 所示。

步骤 02 执行"图像→调整→色相/饱和度"菜单命令，打开"色相/饱和度"对话框，在对话框中将"饱和度"设置为 +40，如图 6-34 所示。

图 6-33

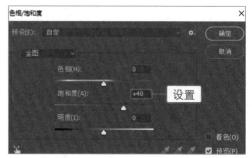

图 6-34

提示　应用"色相/饱和度"调整图像时，勾选"色相/饱和度"对话框或"属性"面板中的"着色"复选框，可以将图像转换为单一色调效果。

步骤 03 为增强秋日氛围，❶在"编辑"下拉列表框中选择"红色"选项，❷输入"色相"为 -45、"饱和度"为 +25，❸单击"确定"按钮，如图 6-35 所示。

步骤 04 此时在图像窗口中可以看到调整后的图像效果，如图 6-36 所示。

图 6-35

图 6-36

6.3.3 "色彩平衡"命令

利用"色彩平衡"命令可以调整图像阴影、中间调和高光区域的颜色，并混合颜色达到平衡，此命令常用于校正偏色的图像。执行"图像→调整→色彩平衡"菜单命令，打开"色彩平衡"对话框，在对话框中拖动各颜色之间的滑块，可在图像中添加相应的颜色，从而更改图像的颜色效果。

素材文件	随书资源 \06\ 素材 \11.jpg
最终文件	随书资源 \06\ 源文件 \ "色彩平衡" 命令 .psd

步骤 01 打开素材文件 11.jpg，在图像窗口中查看图像效果，如图 6-37 所示。

步骤 02 执行"图像→调整→色彩平衡"菜单命令，打开"色彩平衡"对话框，输入"色阶"值为 +42、0、-41，如图 6-38 所示。

图 6-37

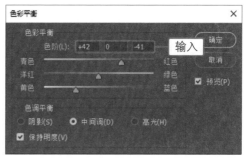

图 6-38

步骤 03 为让整个图像的色调更加统一，❶单击"阴影"单选按钮，确定调整范围为阴影部分，❷然后输入"色阶"值为 +12、0、-5，❸单击"确定"按钮，如图 6-39 所示。

步骤 04 按快捷键〈Ctrl+J〉复制图层，得到"图层 1"图层，❶设置该图层混合模式为"滤色"、"不透明度"为 35%，❷添加蒙版，应用"渐变工具"编辑蒙版，隐藏上半部分图像，如图 6-40 所示。

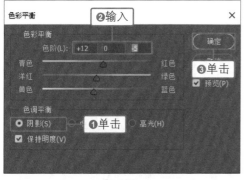

图 6-39

图 6-40

6.3.4 "照片滤镜"命令

"照片滤镜"命令可以模仿在相机镜头前加装彩色滤镜的效果，从而更改图像的整体色调。执行"图像→调整→照片滤镜"菜单命令，打开"照片滤镜"对话框，在对话框中选择预设的滤镜颜色，以便快速向图像应用色相调整，也可以应用自定义的颜色，改变图像的颜色效果。

素材文件　　随书资源 \06\ 素材 \12.jpg
最终文件　　随书资源 \06\ 源文件 \ "照片滤镜"命令 .psd

步骤 01 打开素材文件 12.jpg，在"图层"面板中将"背景"图层拖至"创建新图层"按钮■上，释放鼠标，复制得到"背景 拷贝"图层，如图 6-41 所示。

步骤 02 执行"图像→调整→照片滤镜"菜单命令，打开"照片滤镜"对话框，❶在"滤镜"下拉列表框中选择"冷却滤镜（80）"选项，❷输入"浓度"为 50，❸单击"确定"按钮，如图 6-42 所示。

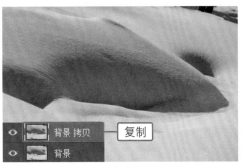

图 6-41

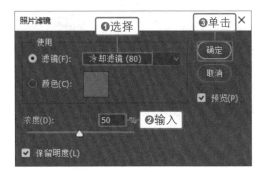

图 6-42

步骤 03 在图像窗口中查看应用"照片滤镜"命令调整后的图像，增强了蓝色调，突出雪景效果，如图 6-43 所示。

步骤 04 单击"调整"面板中的"色阶"按钮，新建"色阶 1"调整图层，在打开的"属性"板中输入色阶值为 20、0.87、238，如图 6-44 所示。

图 6-43

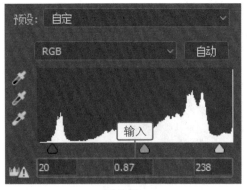

图 6-44

步骤 05 设置后返回图像窗口，可看到增强了图像的对比效果，如图 6-45 所示。

提示 在"照片滤镜"对话框中，单击"颜色"单选按钮，然后单击右侧的颜色方块，可以打开"拾色器（照片滤镜颜色）"对话框，在此对话框中可以自定义滤镜的颜色。

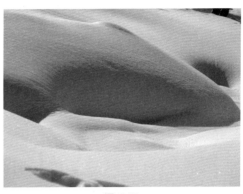

图 6-45

6.3.5 "可选颜色"命令

可选颜色校正是高端扫描仪和分色程序使用的一种技术，用于调整单个颜色分量的印刷色数量。应用"可选颜色"命令调整图像时，可以有选择地修改任何主要颜色中的印刷色数量，而不会影响其他主要颜色。执行"图像→调整→可选颜色"菜单命令，打开"可选颜色"对话框，在对话框中的"颜色"下拉列表框中选择要调整的主要颜色，然后拖动下方的颜色滑块，即可调整所选的颜色。

素材文件	随书资源 \06\ 素材 \13.jpg
最终文件	随书资源 \06\ 源文件 \ "可选颜色"命令 .psd

步骤 01 打开素材文件 13.jpg，在"图层"面板中复制"背景"图层，得到"背景 拷贝"图层，如图 6-46 所示。

步骤 02 执行"图像→调整→可选颜色"菜单命令，打开"可选颜色"对话框，❶在"颜色"下拉列表框中选择"青色"选项，❷输入油墨比例为 +64、-21、+69、0，如图 6-47 所示。

复制

图 6-46

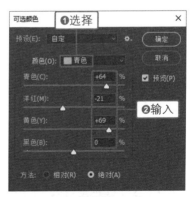

图 6-47

113

步骤 03 ❶在"颜色"下拉列表框中选择"蓝色"选项，❷输入油墨比例为 +63、-38、+56、0，❸设置后单击"确定"按钮，如图 6-48 所示。

步骤 04 在图像窗口可看到人物的衣服颜色被调整为了绿色，效果如图 6-49 所示。

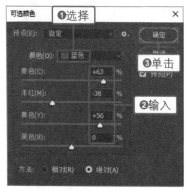

图 6-48

图 6-49

6.3.6 "通道混合器"命令

利用"通道混合器"命令可以通过增减单个通道颜色来调整图像颜色，并对颜色通道之间的混合比例进行调整，使用此命令还可以制作出单色调的图像效果。执行"图像→调整→通道混合器"菜单命令，打开"通道混合器"对话框，在对话框中可以在"源通道"选项中添加或减少颜色比来调整图像颜色。

素材文件	随书资源 \06\ 素材 \14.jpg
最终文件	随书资源 \06\ 源文件 \ "通道混合器" 命令 .psd

步骤 01 打开素材文件 14.jpg，在"图层"面板中复制"背景"图层，得到"背景 拷贝"图层，如图 6-50 所示。

步骤 02 执行"图像→调整→通道混合器"菜单命令，打开"通道混合器"对话框，在对话框中输入"源通道"值为 +116、0、+6，如图 6-51 所示。

图 6-50

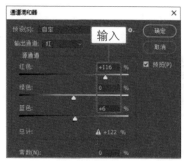

图 6-51

步骤 03 ❶在"输出通道"下拉列表框中选择"蓝"选项，❷输入"源通道"值为+121、-24、+200，❸单击"确定"按钮，如图 6-52 所示。

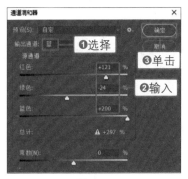

图 6-52

步骤 05 ❶单击"调整"面板中的"曲线"，新建"曲线 1"调整图层，❷打开的"属性"面板中选择"反冲（RGB）"预设曲线，如图 6-54 所示。

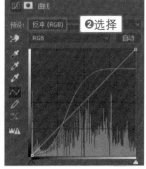

图 6-54

步骤 04 在图像窗口中查看应用通道混合器调整的图像，得到唯美的山景效果，如图 6-53 所示。

图 6-53

步骤 06 在"图层"面板中选中"曲线 1"调整图层，将此图层的"不透明度"设置为 65%，降低不透明度效果，如图 6-55 所示。

图 6-55

6.3.7 "颜色查找"命令

"颜色查找"命令可以快速校正图像颜色，也可以用于打造一些特殊的色调效果，创建小清新、阿宝色、老电影滤镜等效果。将"颜色查找"命令与调整图层结合起来使用，能够得到更精细的调色效果。执行"图像→调整→颜色查找"菜单命令，即可打开"颜色查找"对话框。

素材文件	随书资源 \06\ 素材 \15.jpg
最终文件	随书资源 \06\ 源文件 \ "颜色查找"命令 .psd

步骤 01 打开素材文件 15.jpg，如图 6-56 所示。

步骤 02 执行"图像→调整→颜色查找"菜单命令，打开"颜色查找"对话框，在"3DLUT 文件"下拉列表中选择"2Strip.look"选项，如图 6-57 所示。

图 6-56

图 6-57

步骤 03 单击"确定"按钮，返回图像窗口，可看到"颜色查找"命令将素材图像调整为阿宝色调，如图 6-58 所示。

步骤 04 新建"选取颜色 1"调整图层，打开"属性"面板，设置"红色"中的青色和洋红比例，减少红色，使人物皮肤变得更白，如图 6-59 所示。

图 6-58

图 6-59

6.3.8 "渐变映射"命令

"渐变映射"命令可以将一幅图像的最暗色调映射为一组渐变色的最暗色调，将图像的最亮色调映射为一组渐变色的最亮色调，达到更改图像颜色的目的。执行"图像→调整→渐变映射"菜单命令，打开"渐变映射"对话框，在对话框中可以选择预设的渐变颜色，也可以自定义渐变颜色。

素材文件　随书资源 \06\ 素材 \16.jpg

最终文件　随书资源 \06\ 源文件 \ "渐变映射"命令 .psd

步骤 01 打开素材文件 16.jpg，按〈D〉键将前景色 / 背景色恢复为默认的黑色 / 白色，如图 6-60 所示。

图 6-60

步骤 03 打开"渐变编辑器"对话框，在对话框中双击下方渐变条最左侧的色标，如图 6-62 所示。

图 6-62

步骤 05 再依次单击"渐变编辑器"对话框和"渐变映射"对话框中的"确定"按钮，应用设置的参数调整图像，如图 6-64 所示。

图 6-64

步骤 02 执行"图像→调整→渐变映射"菜单命令，打开"渐变映射"对话框，单击对话框中的渐变条，如图 6-61 所示。

图 6-61

步骤 04 打开"拾色器（色标颜色）"对话框，❶输入颜色值为 R0、G55、B95，❷单击"确定"按钮，如图 6-63 所示，更改色标颜色。

图 6-63

步骤 06 新建"色阶 1"调整图层，打开"属性"面板，在面板中选择"增加对比度 2"预设色阶，调整图像，增强对比效果，如图 6-65 所示。

图 6-65

6.3.9 "HDR色调"命令

"HDR色调"命令用于修补太亮或太暗的图像，制作出高动态范围的图像效果。执行"图像→调整→ HDR色调"菜单命令，打开"HDR色调"对话框，在对话框中可以选择"预设" HDR色调快速调整图像，也可以自定义 HDR色调选项，创建更精细的 HDR色调图像。

| 素材文件 | 随书资源 \06\ 素材 \17.jpg |
| 最终文件 | 随书资源 \06\ 源文件 \ "HDR色调"命令 .psd |

步骤01 打开素材文件 17.jpg，如图 6-66 所示。

步骤02 执行"图像→调整→ HDR色调"菜单命令，打开"HDR色调"对话框，如图 6-67 所示。

图 6-66

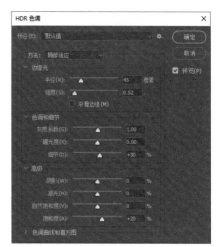

图 6-67

步骤03 在"预设"下拉列表框中选择"逼真照片高对比度"选项，如图 6-68 所示。

步骤04 ❶输入"灰度系数"为 0.54、"曝光度"为 +1.06，其他参数不变，❷单击"确定"按钮，如图 6-69 所示。

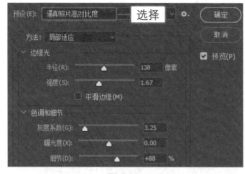

图 6-68

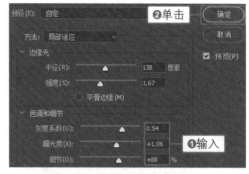

图 6-69

步骤 05 在图像窗口中可看到应用 HDR 色调调整得到的图像效果，如图6-70 所示。

步骤 06 ❶复制"背景"图层，得到"背景 拷贝"图层，❷设置图层混合模式为"柔光"、"不透明度"为 50%，增强图像颜色，如图 6-71 所示。

图 6-70

图 6-71

提示　Photoshop 提供了多种复制图层的方法，包括：执行"图层→复制图层"菜单命令复制图层；选中图层，将其拖动至"图层"面板底部的"创建新图层"按钮上进行复制；按快捷键〈Ctrl+J〉复制当前选中图层。

6.4 图像的特殊颜色调整

使用"调整"命令不仅可以调整图像的明暗、色彩，还可以完成一些特殊的色彩设置，制作出更具有艺术性的画面效果。在 Photoshop 中，用于特殊颜色调整的命令包括"反相""色调分离""阈值""去色"等。

6.4.1 "反相"命令

应用"反相"命令可以将图像颜色更改为它们的互补色，例如，将白色变为黑色、黄色变为蓝色、红色变为青色等。通过对图像中的颜色进行反相处理，可制作出类似于图像转换为底片的特殊效果。与其他调整命令不同，执行"反相"命令后不会弹出选项对话框。

| 素材文件 | 随书资源 \06\ 素材 \18.jpg |
| 最终文件 | 随书资源 \06\ 源文件 \ "反相"命令 .psd |

步骤 01 打开素材文件 18.jpg，复制"背景"图层，得到"背景 拷贝"图层，如图 6-72 所示。

步骤 02 选中"背景 拷贝"图层，执行"图像→调整→反相"菜单命令，反相图像，如图 6-73 所示。

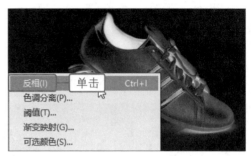

图 6-72   图 6-73

6.4.2 "色调分离"命令

　　使用"色调分离"命令可以指定图像中每个通道的色调级数量或亮度值，然后将像素映射到最接近的匹配级别。执行"图像→调整→色调分离"菜单命令，打开"色调分离"对话框，在对话框中利用"色阶"选项调节阴影效果，设置的"色阶"值越大，图像所表现出的形态与原图像越相似。

素材文件	随书资源 \06\ 素材 \19.jpg
最终文件	随书资源 \06\ 源文件 \ "色调分离" 命令 .psd

步骤 01 打开素材文件 19.jpg，如图 6-74 所示。

步骤 02 执行"图像→调整→色调分离"菜单命令，打开"色调分离"对话框，❶输入"色阶"值为3，❷单击"确定"按钮，如图 6-75 所示。

图 6-74

图 6-75

步骤 03 复制"背景"图层，执行"滤镜→滤镜库"菜单命令，❶选择"木刻"滤镜，❷设置滤镜选项，单击"确定"按钮，应用滤镜效果，如图 6-76 所示。

图 6-76

6.4.3 "阈值"命令

"阈值"命令可将灰度或彩色图像转换为高对比度的黑白图像。应用"阈值"命令调整图像时，可指定某个色阶作为阈值，所有比阈值亮的像素转换为白色，而所有比阈值暗的像素则转换为黑色。执行"图像→调整→阈值"菜单命令，打开"阈值"对话框，在对话框中拖动"阈值色阶"选项滑块，即可控制画面效果。

素材文件	随书资源 \06\ 素材 \20.jpg
最终文件	随书资源 \06\ 源文件 \ "阈值"命令 .psd

步骤 01 在 Photoshop 中打开素材文件 20.jpg，然后按快捷键〈Ctrl+J〉复制图层，得到"图层 1"图层，如图 6-77 所示。

步骤 02 执行"图像→调整→阈值"菜单命令，打开"阈值"对话框，❶输入"阈值色阶"为 115，❷单击"确定"按钮，如图 6-78 所示。

步骤 03 在 Photoshop 中打开素材文件 20.jpg，然后按快捷键〈Ctrl+J〉复制图层，得到"图层 1"图层，如图 6-79 所示。

图 6-77

图 6-78

图 6-79

6.4.4 "去色"命令

"去色"命令可以将彩色图像转换为灰度图像，并且保持图像的颜色模式不变。"去色"命令将永久更改"背景"图层中的原始图像信息，其图像效果与在"色相 / 饱和度"调整中将"饱和度"设置为 -100 时的效果相同。

素材文件	随书资源 \06\ 素材 \21.jpg
最终文件	随书资源 \06\ 源文件 \ "去色"命令 .psd

步骤 01 在 Photoshop 中打开素材文件 21.jpg，按快捷键〈Ctrl+J〉复制图层，得到"图层 1"图层，如图 6-80 所示。

步骤 02 执行"图像→调整→去色"菜单命令，去除图像颜色，将彩色图像转换为灰度图像效果，如图 6-81 所示。

图 6-80

图 6-81

 ## 实例演练——制作唯美的艺术照

对于拍摄的人像照片，需要在后期处理时对明暗、色彩进行必要的调整。在本实例中，主要使用"曲线"调整图层快速提亮图像，再使用"色彩平衡"调整图层修饰图像颜色，营造唯美的淡青色调，最后使用"可选颜色"调整图层修饰人物的皮肤颜色，打造出唯美的艺术照，如图 6-82 所示。

素材文件	随书资源 \06\ 素材 \22.jpg、23.psd
最终文件	随书资源 \06\ 源文件 \ 制作唯美的艺术照 .psd

图 6-82

步骤 01 打开素材文件 22.jpg，如图 6-83 所示。

步骤 02 ❶单击"调整"面板中的"曲线"，新建"曲线 1"调整图层，❷在"属性"面板中的曲线中间单击并向上拖动，如图 6-84 所示。

图 6-83

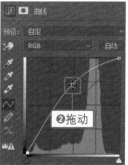

图 6-84

步骤 03 将鼠标指针移到曲线左下角位置，单击并向下右侧拖动，调整图像中阴影部分的亮度，使其变得更亮，如图 6-85 所示。

步骤 04 ❶单击"曲线 1"蒙版缩览图，❷在工具箱中选择"渐变工具"，在选项栏中选择"黑，白渐变"，设置"不透明度"为 20%，❸从图像左上角往中间位置拖动创建线性渐变，如图 6-86 所示。

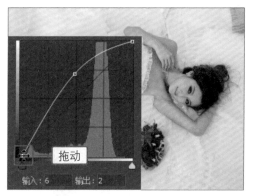

图 6-85

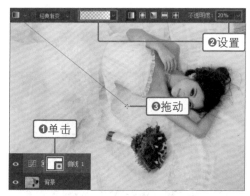

图 6-86

步骤 05 单击"调整"面板中的"色彩平衡"按钮，新建"色彩平衡 1"调整图层，打开"属性"面板，❶输入"中间调"色调下的颜色值为 -35、+8、0，❷在"色调"下拉列表框中选择"阴影"选项，❸输入颜色值为 -14、0、0，如图 6-87 所示。

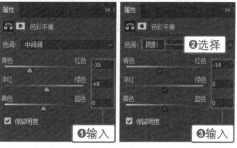

图 6-87

步骤 06 ❶单击"色彩平衡 1"图层蒙版缩览图，❷选择"画笔工具"，设置前景色为黑色，在选项栏中设置画笔"不透明度"为 40%，❸在人物头发及皮肤等位置涂抹，还原涂抹区域的图像效果，如图 6-88 所示。

步骤 07 为让画面变得更亮，新建"色阶 1"调整图层，打开"属性"面板，输入色阶值为 0、1.25、255，调整图像的中间调区域的亮度，如图 6-89 所示。

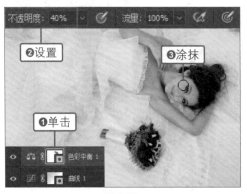

图 6-88

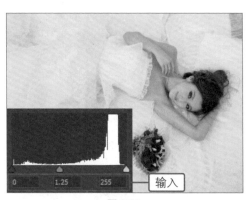

图 6-89

步骤 08 为让皮肤颜色更红润，❶单击"调整"面板中的"可选颜色"，新建"选取颜色 1"调整图层，❷在打开的"属性"面板中设置"红色"百分比为 -78、0、0、+38，如图 6-90 所示。

步骤 09 设置完成后，返回图像窗口，将图像放大显示，可以看到人物的皮肤颜色显得更加白嫩，如图 6-91 所示。

图 6-90

图 6-91

步骤 10 新建"自然饱和度 1"调整图层，在打开的"属性"面板中设置"自然饱和度"为 +90，可看到增强了全图的颜色饱和度，如图 6-92 所示。

步骤 11 ❶单击选中"自然饱和度 1"图层蒙版缩览图，按快捷键〈Alt+Delete〉，将蒙版填充为黑色，❷再选择"画笔工具"，将前景色更改为白色，然后涂抹人物的嘴唇部分，如图 6-93 所示。

图 6-92

图 6-93

步骤 12　按 快 捷 键〈Ctrl+Shift+Alt+E〉，盖印图层，执行"图像→调整→自然饱和度"菜单命令，❶在打开的对话框中输入"自然饱和度"为 +50，进一步提高颜色饱和度，❷最后打开文字素材文件 23.psd，将其复制到人物图像左上角，如图 6-94 所示。

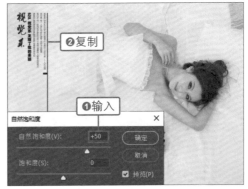

图 6-94

实例演练——调出美丽的自然风光

使用 Photoshop 强大的调色功能，可以将图像的颜色调整到最理想的状态。在本实例中，主要使用"亮度 / 对比度"和"色阶"等命令对灰暗的图像进行调整，使图像变得明亮，再应用"色相 / 饱和度"和"可选颜色"加强颜色，展现美丽的自然风光，效果如图 6-95 所示。详细制作过程可观看本书提供的学习视频。

效果图

图 6-95

| 素材文件 | 随书资源 \06\ 素材 \24.jpg |
| 最终文件 | 随书资源 \06\ 源文件 \ 调出美丽的自然风光 .psd |

第 7 章　蒙版的应用

蒙版用于隐藏图层的部分内容,它是一项重要的图像抠取及合成技术。在 Photoshop 中有图层蒙版、矢量蒙版、剪贴蒙版、快速蒙版 4 种蒙版类型。不同的蒙版在功能和使用方法上存在一定的差异,本章将通过详细的操作和一些典型的实例介绍这 4 种蒙版的创建和编辑方法。

7.1　创建蒙版

在 Photoshop 中,创建蒙版的方法有很多,可以使用"图层"面板来创建,也可以使用"图层"菜单来创建,还可以通过快捷键来创建。

7.1.1　创建图层蒙版

图层蒙版是基于像素的灰度蒙版,包含从白色到黑色共 256 个灰度级别。在图层蒙版中用黑色绘制的区域会被隐藏,用白色绘制的区域会完全显示出来,用灰色绘制的区域则会呈半透明效果。在 Photoshop 中,可以通过单击"图层"面板底部的"添加图层蒙版"按钮 创建图层蒙版。

素材文件	随书资源 \07\ 素材 \01.jpg、02.jpg
最终文件	随书资源 \07\ 源文件 \ 创建图层蒙版 .psd

步骤 01　打开素材文件 01.jpg,选择工具箱中的"裁剪工具",单击并拖动鼠标,绘制裁剪框,扩展画布,如图 7-1 所示。

步骤 02　打开素材文件 02.jpg,选择"移动工具",将 02.jpg 中的图像拖动复制到 01.jpg 中的图像右侧,得到"图层 1"图层,如图 7-2 所示。

图 7-1　　　　　　　　　　　　　图 7-2

步骤 03 ❶单击"图层"面板底部的"添加图层蒙版"按钮◙，❷为"图层 1"图层添加图层蒙版，如图 7-3 所示。

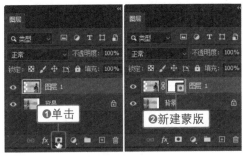

图 7-3

步骤 04 ❶单击"图层 1"蒙版缩览图，❷选择"渐变工具"，在选项栏中选择"黑，白渐变"，❸从图像左侧向右侧拖动，如图 7-4 所示。

图 7-4

步骤 05 释放鼠标，应用创建的渐变编辑图层蒙版，合成图像，效果如图 7-5 所示。

提示

　　执行"图层→图层蒙版"菜单命令，在展开的级联菜单中可选取多种创建图层蒙版的方式。执行"显示全部"或"隐藏全部"菜单命令将创建显示或隐藏整个图层内容的蒙版，执行"显示选区"或"隐藏选区"菜单命令将创建显示或隐藏选区中内容的蒙版。

图 7-5

7.1.2　创建矢量蒙版

　　矢量蒙版是基于矢量的蒙版，它拥有独立的分辨率，可以在不影响图像品质的情况下反复对其进行缩放、旋转等变换操作。在 Photoshop 中，按住〈Ctrl〉键不放，单击"图层"面板底部的"添加图层蒙版"按钮◙，即可创建矢量蒙版，也可以绘制图形后执行"图层→矢量蒙版"菜单命令进行创建。

| 素材文件 | 随书资源 \07\ 素材 \03.jpg、04.jpg |
| 最终文件 | 随书资源 \07\ 源文件 \ 创建矢量蒙版 .psd |

步骤 01 打开素材文件 03.jpg 和 04.jpg，将 04.jpg 中的图像复制到 03.jpg 中的图像上方，得到"图层 1"图层，如图 7-6 所示。

步骤 02 ❶隐藏"图层 1"图层，❷选择"钢笔工具"，在选项栏中选择"路径"绘制模式，❸在图像中连续单击，绘制工作路径，如图 7-7 所示。

127

图 7-6

图 7-7

步骤 03 单击"图层 1"图层前的"指示图层可见性"按钮■，显示"图层 1"图层，查看绘制的路径效果，如图 7-8 所示。

步骤 04 ❶执行"图层→矢量蒙版→当前路径"菜单命令，❷软件会根据绘制的工作路径创建矢量蒙版，如图 7-9 所示。

图 7-8

图 7-9

步骤 05 ❶在"路径"面板底部单击"创建新路径"按钮■，新建"路径 1"，❷选择"钢笔工具"，在人物右侧的相框中绘制工作路径，如图 7-10 所示。

步骤 06 复制人物图像并适当调整其角度和大小，得到"图层 2"图层，执行"图层→矢量蒙版→当前路径"菜单命令，软件会根据绘制的工作路径创建矢量蒙版，如图 7-11 所示。

图 7-10

图 7-11

7.1.3　创建剪贴蒙版

剪贴蒙版是由多个图层组成的剪贴组，它通过处于下方图层的形状来限制上方图层的显示状态，达到一种剪贴画的效果。在 Photoshop 中，可以通过执行"图层→创建剪贴蒙版"菜单命令或按快捷键〈Ctrl+Alt+G〉来创建剪贴蒙版。

素材文件	随书资源 \07\ 素材 \05.jpg ～ 07.jpg
最终文件	随书资源 \07\ 源文件 \ 创建剪贴蒙版 .psd

步骤 01 打开素材文件 05.jpg，❶使用"矩形选框工具"在右侧红色鞋子上方单击并拖动，创建矩形选区，❷按快捷键〈Ctrl+J〉复制选区中的图像，得到"图层1"图层，如图 7-12 所示。

步骤 02 ❶继续使用"矩形选框工具"在下方的鞋尖位置单击并拖动鼠标，创建矩形选区，❷选择"背景"图层，按快捷键〈Ctrl+J〉复制得到"图层 2"图层，如图 7-13 所示。

图 7-12

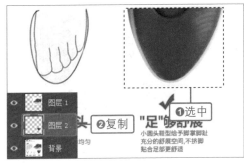

图 7-13

步骤 03 执行"文件→置入嵌入的智能对象"菜单命令，将素材文件 06.jpg 置入"图层 1"图层上方，如图 7-14 所示。

步骤 04 执行"图层→创建剪贴蒙版"菜单命令，创建剪贴蒙版组，将超出"图层1"中图像边缘的部分隐藏，效果如图 7-15 所示。

图 7-14

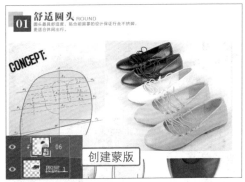

图 7-15

步骤05 执行"文件→置入嵌入的智能对象"菜单命令，将素材文件 07.jpg 置入"图层 2"图层上方，并适当旋转，如图 7-16 所示。

步骤06 执行"图层→创建剪贴蒙版"菜单命令，创建剪贴蒙版组，将超出"图层 2"中图像边缘的部分隐藏，效果如图 7-17 所示。

图 7-16

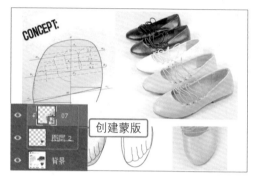

图 7-17

7.1.4　在快速蒙版中编辑

快速蒙版可以将任何选区作为蒙版编辑，快速蒙版不依靠"图层"面板而存在，用户可通过创建选区随意编辑快速蒙版。单击工具箱中的"以快速蒙版模式编辑"按钮 ，即可进入快速蒙版编辑状态，完成编辑后单击"以标准模式编辑"按钮 ，则可以退出快速蒙版编辑状态，获得选区。

| 素材文件 | 随书资源 \07\ 素材 \08.jpg |
| 最终文件 | 随书资源 \07\ 源文件 \ 在快速蒙版中编辑 .psd |

步骤01 打开素材文件 08.jpg，单击工具箱中的"以快速蒙版模式编辑"按钮 ，如图 7-18 所示，进入快速蒙版编辑状态。

步骤02 选择"画笔工具"，打开"画笔预设"选取器，❶单击"柔边圆"画笔，❷设置大小为 50 像素，❸运用画笔涂抹皮肤区域，如图 7-19 所示。

图 7-18

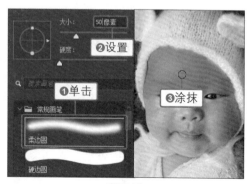

图 7-19

步骤 03 继续使用"画笔工具"涂抹其他皮肤区域，❶在选项栏中将画笔"大小"更改为 25，❷再涂抹细节部分，如图 7-20 所示。

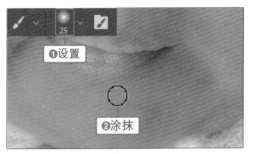

图 7-20

步骤 04 ❶单击工具箱中的"以标准模式编辑"按钮🔲，退出快速蒙版编辑状态，❷此时根据涂抹的范围创建了选区，如图 7-21 所示。

图 7-21

步骤 05 ❶执行"选择→反选"菜单命令，反选选区，❷按快捷键〈Ctrl+J〉复制选区内的图像，得到"图层 1"图层，如图 7-22 所示。

图 7-22

步骤 06 执行"滤镜→模糊→表面模糊"菜单命令，在打开的对话框中输入"半径"为 14、"阈值"为 28，单击"确定"按钮，模糊图像，如图 7-23 所示。

图 7-23

步骤 07 选择工具箱中的"修补工具"，❶在嘴部下方不自然的皮肤位置单击并拖动鼠标，创建选区，❷将选区向左拖动到白皙的皮肤位置，修复图像，如图 7-24 所示。

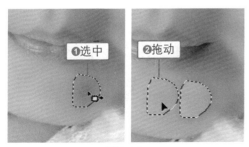

图 7-24

步骤 08 ❶按住〈Ctrl〉键并单击"图层 1"图层缩览图，载入选区，❷新建"选取颜色 1"调整图层，设置"红色"为 +75、-22、-11、-15,修复不自然的皮肤颜色,如图 7-25 所示。

图 7-25

7.2 编辑蒙版

对于图像中创建的图层蒙版、矢量蒙版、剪贴蒙版等，可以结合"图层"面板和"属性"面板控制蒙版的显示效果，如停用/启用蒙版、释放剪贴蒙版、应用蒙版等。

7.2.1 停用/启用蒙版

创建图层蒙版或矢量蒙版后，为了直观地查看应用蒙版前和应用蒙版后的图像变化，可以执行"停用××蒙版"或"启用××蒙版"命令，或者单击"属性"面板中的"停用/启用蒙版"按钮。

素材文件	随书资源 \07\ 素材 \09.psd
最终文件	随书资源 \07\ 源文件 \ 停用 / 启用蒙版 .psd

步骤 01 打开素材文件 09.psd，如图 7-26 所示。

步骤 02 ❶选中添加了蒙版的"图层 2"图层，右击蒙版缩览图，❷在弹出的快捷菜单中执行"停用矢量蒙版"命令，如图 7-27 所示。

图 7-26

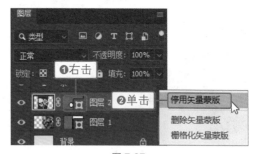

图 7-27

步骤 03 停用的矢量蒙版缩览图上会出现一个红叉，返回图像窗口，查看停用蒙版后的效果，如图 7-28 所示。

步骤 04 ❶在"图层"面板中双击"图层 1"蒙版缩览图，打开"属性"面板，❷单击面板底部的"停用/启用蒙版"按钮，如图 7-29 所示。

图 7-28

图 7-29

步骤 05 此时"图层 1"图层的矢量蒙版被停用。选择"图层 2"图层，❶右击蒙版缩览图，❷在弹出的快捷菜单中执行"启用矢量蒙版"命令，如图 7-30 所示。

步骤 06 重新启用"图层 2"图层的矢量蒙版，在图像窗口中显示启用蒙版后的图像，效果如图 7-31 所示。

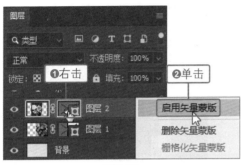

图 7-30

图 7-31

> **提示** 　若双击蒙版缩览图后未打开"属性"面板，而是进入"选择并遮住"工作区，可按快捷键〈Ctrl+K〉打开"首选项"对话框，在左侧单击"工具"标签，然后在右侧取消勾选"双击图层蒙版可启动'选择并遮住'工作区"复选框。

7.2.2　释放剪贴蒙版

在图像中创建剪贴蒙版后，如果不再需要应用剪贴蒙版，可以执行"图层→释放剪贴蒙版"菜单命令或执行快捷菜单中的"释放剪贴蒙版"菜单命令来释放剪贴蒙版组中的所有图层。

素材文件	随书资源 \07\ 素材 \10.psd
最终文件	随书资源 \07\ 源文件 \ 释放剪贴蒙版 .psd

步骤 01 打开素材文件 10.psd，在"图层"面板中单击选中"图层 2"图层，如图 7-32 所示。

步骤 02 执行"图层→释放剪贴蒙版"菜单命令，释放剪贴蒙版，如图 7-33 所示。

图 7-32

图 7-33

步骤 03 在"图层"面板中单击选中"图层1"图层，❶右击该图层，❷在弹出的快捷菜单中执行"释放剪贴蒙版"命令，如图7-34 所示。

步骤 04 执行"释放剪贴蒙版"命令后，释放"圆角矩形 1"和"图层 1"剪贴蒙版组，如图 7-35 所示。

图 7-34

图 7-35

7.2.3　复制蒙版

在 Photoshop 中合成图像或调整图像颜色时，经常会需要复制蒙版，具体方法为：首先在"图层"面板中单击选中蒙版，然后按住〈Alt〉键不放，将蒙版拖动到需要应用该蒙版的图层上方即可。

| 素材文件 | 随书资源 \07\ 素材 \11.psd |
| 最终文件 | 随书资源 \07\ 源文件 \ 复制蒙版 .psd |

步骤 01 打开素材文件 11.psd，打开"图层"面板，在面板中可以看到图像中创建的多个调整图层及其自带的蒙版，如图7-36 所示。

步骤 02 在"图层"面板中单击选中"颜色填充 1"调整图层的蒙版缩览图，按住〈Alt〉键不放，拖动蒙版到"色阶 1"调整图层上方，如图 7-37 所示。

图 7-36

图 7-37

步骤 03 释放鼠标,弹出提示框,单击"是"按钮,如图 7-38 所示。

步骤 04 此时将"颜色填充 1"调整图层的蒙版复制到"色阶 1"调整图层上,在图像窗口中可看到"色阶 1"和"颜色填充 1"调整图层应用了相同的调整范围,如图 7-39 所示。

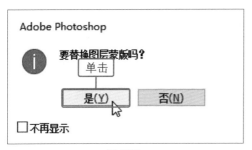

图 7-38

图 7-39

7.2.4 应用蒙版

完成蒙版的编辑与设置后,右击蒙版,在弹出的快捷菜单中执行"应用蒙版"命令,可将编辑后的蒙版快速应用到当前图层中,同时会合并图层和蒙版。

 素材文件　　随书资源 \07\ 素材 \12.psd
最终文件　　随书资源 \07\ 源文件 \ 应用蒙版 .psd

步骤 01 打开素材文件 12.psd,选择"图层 1"图层,按快捷键〈Ctrl+J〉复制图层,得到"图层 1 拷贝"图层,如图 7-40 所示。

步骤 02 ❶右击"图层 1 拷贝"图层右侧的蒙版缩览图,❷在弹出的快捷菜单中执行"应用图层蒙版"命令,如图 7-41 所示。

图 7-40

图 7-41

步骤 03 执行命令后会将"图层 1 拷贝"图层与该图层的蒙版合并,如图 7-42 所示。

步骤 04 执行"编辑→变换→水平翻转"菜单命令,水平翻转图像,使用"移动工具"将翻转后的图像移到画面右侧,效果如图 7-43 所示。

图 7-42

图 7-43

步骤 05 打开"图层"面板，❶双击"图层 1"的蒙版缩览图，打开"属性"面板，❷单击面板底部的"应用蒙版"按钮 ■ ，如图 7-44 所示。

步骤 06 单击"应用蒙版"按钮后，会将"图层 1"图层和图层蒙版合并，并删除图层蒙版，如图 7-45 所示。

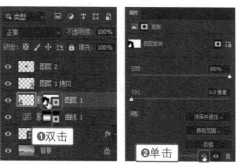

图 7-44

图 7-45

7.3 蒙版的高级设置

　　在 Photoshop 中，除了可以对蒙版进行应用、停用或启用等一些简单的操作，还可以对蒙版做更进一步的编辑，例如编辑蒙版的边缘、通过"颜色范围"编辑蒙版及反相蒙版。这些高级设置可以通过单击"属性"面板中相应的按钮来实现。

7.3.1 编辑蒙版边缘

　　通过编辑蒙版边缘可以让抠取的图像边缘变得更干净、更整齐。在图像中添加蒙版后，打开"属性"面板，单击面板中的"选择并遮住"按钮，切换到"选择并遮住"工作区，在该工作区中可以轻松调整蒙版边缘，并且可以控制调整后的蒙版输出结果。

素材文件　　随书资源 \07\ 素材 \13.jpg、14.jpg

最终文件　　随书资源 \07\ 源文件 \ 编辑蒙版边缘 .psd

步骤 01 打开素材文件 13.jpg 和 14.jpg，将 14.jpg 中的图像复制到 13.jpg 中的图像上方，得到"图层 1"图层，如图 7-46 所示。

步骤 02 选择"套索工具"，❶沿着玩具图像边缘单击并拖动鼠标，创建选区，❷单击"从选区减去"按钮█，❸继续在把手中间位置创建选区，如图 7-47 所示。

图 7-46

图 7-47

步骤 03 单击"图层"面板底部的"添加图层蒙版"按钮，为"图层 1"图层添加图层蒙版，隐藏选区外的图像，如图 7-48 所示。

步骤 04 双击图层蒙版缩览图，打开"属性"面板，❶单击"选择并遮住"按钮，切换到"选择并遮住"工作区，❷选择"图层"视图模式，如图 7-49 所示。

图 7-48

图 7-49

步骤 05 ❶单击工具栏中的"调整边缘画笔工具"按钮█，❷将鼠标移到图像边缘位置，单击并涂抹图像边缘，如图 7-50 所示。

步骤 06 ❶单击工具栏中的"快速选择工具"按钮█，❷单击选项栏中的"从选区中减去"按钮█，❸涂抹玩具底部的阴影部分，如图 7-51 所示。

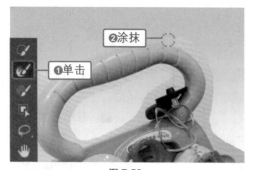

图 7-50

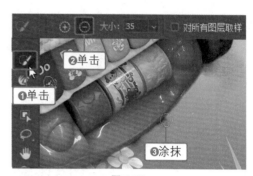

图 7-51

步骤 07 ❶单击"全局调整"左侧的倒三角按钮，展开"全局调整"选项卡，❷输入"平滑"为 40、"移动边缘"为 -30%，如图 7-52 所示。

步骤 08 展开"输出设置"选项卡，❶勾选"净化颜色"复选框，❷选择"新建带有图层蒙版的图层"输出方式，如图 7-53 所示。

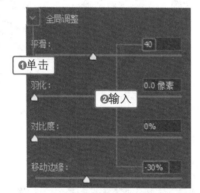

图 7-52

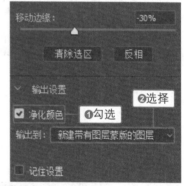

图 7-53

步骤 09 设置完成后，单击"确定"按钮，软件会根据输入的参数值调整蒙版边缘，抠出更精细的玩具图像，如图 7-54 所示。

图 7-54

7.3.2 通过"颜色范围"编辑蒙版

创建蒙版后，可以使用"属性"面板中的"颜色范围"功能控制蒙版的显示范围。在"图层"面板中单击选中蒙版，然后打开"属性"面板，单击面板中的"颜色范围"按钮，即可打开"色彩范围"对话框，在对话框中设置选项可以控制显示范围。

素材文件	随书资源 \07\ 素材 \15.psd、16.jpg
最终文件	随书资源 \07\ 源文件 \ 通过 "颜色范围" 编辑蒙版 .psd

步骤 01 打开素材文件 15.psd 和 16.jpg，将 16.jpg 中的女包图像拖动到 15.psd 中，得到 "图层 2" 图层，如图 7-55 所示。

步骤 02 打开 "图层" 面板，①单击面板底部的 "添加图层蒙版" 按钮，②为 "图层 2" 图层添加图层蒙版，如图 7-56 所示。

图 7-55

图 7-56

步骤 03 ①双击 "图层 2" 图层蒙版缩览图，打开 "属性" 面板，②单击面板中的 "颜色范围" 按钮，如图 7-57 所示。

步骤 04 打开 "色彩范围" 对话框，①单击 "添加到取样" 按钮，②在女包旁边的背景位置单击，设置选择范围，如图 7-58 所示。

图 7-57

图 7-58

步骤 05 ①勾选 "色彩范围" 对话框中的 "反相" 复选框，②单击 "确定" 按钮，如图 7-59 所示。

图 7-59

步骤 06 应用设置调整蒙版，将女包旁边多余的背景隐藏，合成出更美观的画面，效果如图 7-60 所示。

图 7-60

7.3.3 反相蒙版

应用"反相"功能可以把原来通过蒙版显示出来的区域隐藏起来，把原来隐藏起来的区域显示出来。在"图层"面板中选中蒙版后，单击"属性"面板中的"反相"按钮，即可快速反相蒙版。

| 素材文件 | 随书资源 \07\ 素材 \17.jpg、18.jpg |
| 最终文件 | 随书资源 \07\ 源文件 \ 反相蒙版 .psd |

步骤 01 打开素材文件 17.jpg 和 18.jpg，将 18.jpg 中的图像复制到 17.jpg 中的图像上方，得到"图层 1"图层，如图 7-61 所示。

步骤 02 选择"背景"图层，按快捷键〈Ctrl+J〉复制图层，得到"背景 拷贝"图层，将该图层移到"图层 1"图层上方，如图 7-62 所示。

图 7-61

图 7-62

步骤 03 执行"选择→色彩范围"菜单命令，❶在打开的对话框中输入"颜色容差"为 40，❷使用"吸管工具"单击背景区域，创建选区，如图 7-63 所示。

步骤 04 执行"选择→修改→扩展"菜单命令，打开"扩展选区"对话框，❶输入"扩展量"为 2，❷单击"确定"按钮，扩展选区，如图 7-64 所示。

图 7-63

图 7-64

步骤 05 选择"套索工具"，❶单击选项栏中的"从选区减去"按钮⬛，❷在瓶盖中间位置单击并拖动鼠标，调整选区，如图7-65 所示。

步骤 06 继续使用"套索工具"在瓶身位置单击并拖动鼠标，调整选区范围，最终选中除瓶子及其投影以外的背景部分，如图 7-66 所示。

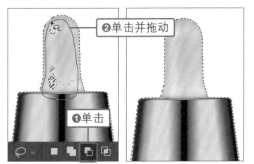

图 7-65

图 7-66

步骤 07 单击"图层"面板底部的"添加图层蒙版"按钮⬛，为"背景 拷贝"图层添加图层蒙版，如图7-67 所示。

步骤 08 ❶双击"背景 拷贝"图层蒙版缩览图，打开"属性"面板，❷单击面板中的"反相"按钮，如图7-68 所示。

图 7-67

图 7-68

步骤 09 对蒙版进行反相处理后，在"图层"面板中可看到蒙版缩览图中原先黑色的部分变为白色，原先白色的部分变为黑色，并且画面中显示出中间的瓶子图像，如图 7-69 所示。

图 7-69

实例演练——合成唯美家居产品广告

图层蒙版可以用于各种类型的图像合成。本实例将通过创建图层蒙版，并使用"画笔工具"编辑创建的蒙版，把家居产品图像与风景、人物等图像拼合在一起，最后应用调整图层调整图像的颜色，得到一张唯美的家居产品广告图，效果如图 7-70 所示。

素材文件	随书资源 \07\ 素材 \19.jpg ～ 24.jpg
最终文件	随书资源 \07\ 源文件 \ 合成唯美家居产品广告 .psd

图 7-70

步骤 01 创建新文件，打开素材文件 19.jpg，将其中的家居图像复制到新建的文件中，得到"图层 1"图层，如图 7-71 所示。

步骤 02 选中"图层 1"图层，❶单击"图层"面板底部的"添加图层蒙版"按钮，❷为"图层 1"图层添加图层蒙版，如图 7-72 所示。

图 7-71

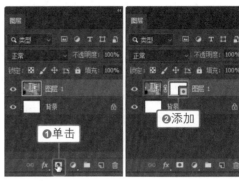

图 7-72

步骤 03 在工具箱中将前景色设置为黑色，选择"画笔工具"，❶在"画笔预设"选取器中单击选择"硬边圆"画笔，❷运用画笔在窗户和地面区域涂抹，隐藏这部分图像，如图 7-73 所示。

步骤 04 按快捷键〈Ctrl+J〉复制图层，得到"图层 1 拷贝"图层，❶右击"图层 1 拷贝"图层蒙版缩览图，❷在弹出的快捷菜单中执行"应用图层蒙版"命令，❸应用图层蒙版，如图 7-74 所示。

图 7-73

图 7-74

步骤 05 选中"图层 1 拷贝"图层，执行"图像→自动颜色"命令，调整图像颜色，效果如图 7-75 所示。

步骤 06 ❶选中"图层 1 拷贝"图层，❷设置图层混合模式为"滤色"，得到更加明亮的画面效果，如图 7-76 所示。

图 7-75

图 7-76

步骤 07 按住〈Ctrl〉键单击"图层1拷贝"图层缩览图，载入选区。❶新建"色彩平衡1"调整图层，在"属性"面板中输入颜色值。再次载入选区，新建"曲线1"调整图层。❷在"属性"面板中选择"蓝"选项，❸向上拖动曲线，调整图像影调，如图 7-77 所示。

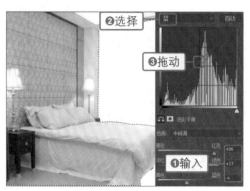

图 7-77

步骤 08 打开素材文件 20.jpg，将其中的风景图像复制到新建的文件中，得到"图层 2"图层，❶单击"图层"面板底部的"添加图层蒙版"按钮▣，❷为"图层 2"图层添加图层蒙版，如图 7-78 所示。

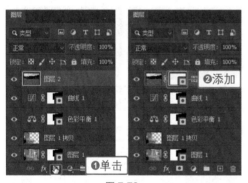

图 7-78

步骤 09 按住〈Ctrl〉键不放，❶单击"曲线 1"图层蒙版缩览图，载入选区，❷设置前景色为黑色，单击"图层 2"图层蒙版缩览图，按快捷键〈Alt+Delete〉，将选区填充为黑色，如图 7-79 所示。

图 7-79

步骤 10 ❶单击"图层 2"图层蒙版缩览图，❷选择"画笔工具"，在"画笔预设"选取器中选择"柔边圆"画笔，❸在选项栏输入"不透明度"为40%，❹涂抹草地和树木部分，如图 7-80 所示。

图 7-80

步骤 11 新建"色相/饱和度1"调整图层，打开"属性"面板，❶选择"黄色"选项，❷输入"色相"为-19，❸选择"绿色"选项，❹输入"色相"为-78、"饱和度"为+20，如图 7-81 所示。

图 7-81

步骤 12 ❶选中"色相/饱和度 1"调整图层，❷执行"图层→创建剪贴蒙版"菜单命令，创建剪贴蒙版，控制调整范围为草地部分，使草地显示为黄色，如图 7-82 所示。

步骤 13 创建"选取颜色 1"调整图层，打开"属性"面板，❶选择"黄色"选项，❷输入颜色百分比为 -50、+48、-7、-13，❸执行"图层→创建剪贴蒙版"菜单命令，创建剪贴蒙版，进一步调整草地部分的颜色，如图 7-83 所示。

图 7-82

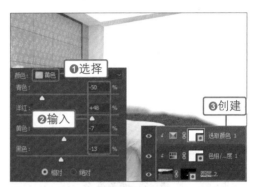

图 7-83

步骤 14 打开素材文件 21.jpg，将其中的风景图像复制到新建的文件中，得到"图层 3"图层。单击"图层"面板底部的"添加图层蒙版"按钮 ▣，为"图层 3"图层添加图层蒙版，如图 7-84 所示。

步骤 15 ❶按住〈Ctrl〉键不放，单击"图层 1 拷贝"图层缩览图，载入选区，❷单击"图层 3"图层蒙版缩览图，设置前景色为黑色，按快捷键〈Alt+Delete〉，填充颜色，隐藏选区中的图像，如图 7-85 所示。

图 7-84

图 7-85

步骤 16 ❶单击"图层 3"图层蒙版缩览图，❷选择"画笔工具"，在"画笔预设"选取器中选择"柔边圆"画笔，❸在床右侧的草地位置涂抹，隐藏一部分图像，使图像之间过渡更自然，如图 7-86 所示。

步骤 17 按快捷键〈Ctrl+J〉复制图层，得到"图层 3 拷贝"图层，❶右击"图层 3 拷贝"图层蒙版缩览图，❷在展开的快捷菜单中执行"应用图层蒙版"命令，❸应用图层蒙版，如图 7-87 所示。

图 7-86
图 7-87

步骤 18 单击工具箱中的"套索工具"按钮 ，❶在选项栏中设置"羽化"值为 15 像素，❷在图像右侧边缘位置单击并拖动鼠标，创建选区，选中图像，如图 7-88 所示。

步骤 19 执行"滤镜→模糊→高斯模糊"菜单命令，打开"高斯模糊"对话框，❶输入"半径"为 6.0，❷单击"确定"按钮，❸应用"高斯模糊"滤镜模糊选中的图像，如图 7-89 所示。

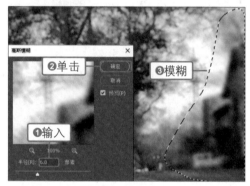

图 7-88
图 7-89

步骤 20 打开素材文件 22.jpg，将其中的人物图像复制到新建的文件中，得到"图层 4"图层。单击"图层"面板底部的"添加图层蒙版"按钮 ，为"图层 4"图层添加图层蒙版，如图 7-90 所示。

步骤 21 单击"图层 4"图层蒙版，选择"画笔工具"，❶在"画笔预设"选取器中选择"柔边圆"画笔，按〈[〉或〈]〉键将画笔设置为合适的大小，❷涂抹人物后方的背景区域，如图 7-91 所示。

图 7-90
图 7-91

步骤22 继续使用同样的方法，将素材 23.jpg、24.jpg 复制到画面中，通过添加图层蒙版拼合图像，最后使用调整图层适当调整图像颜色，并为画面添加文字，完成广告设计，如图 7-92 所示。

图 7-92

第 8 章　通道的应用

通道是 Photoshop 中非常重要的功能之一。通道中包含了各种颜色信息，这些颜色信息综合后就形成了丰富多彩的图像效果。在 Photoshop 中，可以应用"通道"面板来管理和编辑组成图像的通道，包括创建新通道、复制通道、通道与选区的转换等。此外，还可以根据需要计算通道，混合图像。本章将通过实例对通道的相关操作——进行讲解。

8.1　通道的基本操作

通道主要用来存储图像的颜色信息和选择范围。为了应用通道编辑图像，掌握一些通道的基本操作是很有必要的。通道的基本操作包括创建新通道、选择通道、显示 / 隐藏通道、复制通道、存储通道选区等。

8.1.1　创建新通道

在 Photoshop 中编辑图像时，经常需要创建新的通道。创建新通道有两种方法：单击"通道"面板底部的"创建新通道"按钮 ；执行"通道"面板菜单中的"新建通道"命令。

素材文件	随书资源 \08\ 素材 \01.jpg
最终文件	随书资源 \08\ 源文件 \ 创建新通道 .psd

步骤 01 打开素材文件 01.jpg，打开"通道"面板，单击面板底部的"创建新通道"按钮 ，如图 8-1 所示。

步骤 02 可看到在"通道"面板中创建了一个新的 Alpha1 通道，如图 8-2 所示。

步骤 03 ❶单击"通道"面板右上角的扩展按钮 ，❷在展开的面板菜单中执行"新建通道"命令，如图 8-3 所示。

图 8-1　　　　　　　　图 8-2

图 8-3

步骤 04 打开"新建通道"对话框，❶输入新建通道的"名称"为"商品"，❷单击"确定"按钮，如图8-4所示。

步骤 05 此时在"通道"面板的最下方可以看到新创建的"商品"通道，如图8-5所示。

图 8-4

图 8-5

8.1.2 选择通道

在 Photoshop 中应用通道编辑图像时，需要选择相应的颜色通道或 Alpha 通道等。要选择通道，只需在"通道"面板中单击相应的通道即可，如果需要同时选中多个通道，则可以按住〈Shift〉键依次单击进行选择。

 素材文件 ----- 随书资源\08\素材\02.jpg

最终文件 无

步骤 01 打开素材文件 02.jpg，图像效果如图8-6所示。

步骤 02 打开"通道"面板，可以看到此图像为显示所有通道时的效果，如图8-7所示。

步骤 03 如果需要选择"红"通道中的图像，就将鼠标移至"红"通道上，单击选中该通道，如图8-8所示。

图 8-6

图 8-7

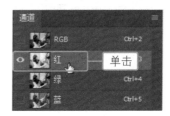

图 8-8

步骤 04 此时在图像窗口中可以看到选中的"红"通道中的图像，效果如图8-9所示。

步骤 05 若要选中"红""绿"两个通道,按住〈Shift〉键不放,分别单击两个通道，如图8-10所示。

步骤 06 此时在图像窗口中可以看到同时选中"红"通道和"绿"通道时的图像，效果如图8-11所示。

图 8-9 | 图 8-10 | 图 8-11

8.1.3 复制通道

编辑图像时，为避免影响原通道中的图像，需要先对通道进行复制。可以直接将通道拖动至"创建新通道"按钮上进行复制，也可以执行"通道"面板菜单中的"复制通道"命令进行复制。

| 素材文件 | 随书资源 \08\ 素材 \03.jpg |
| 最终文件 | 随书资源 \08\ 源文件 \ 复制通道 .psd |

步骤 01 打开素材文件 03.jpg，在"通道"面板中选中"绿"通道，如图 8-12 所示。

步骤 02 将选中的通道拖动至"通道"面板底部的"创建新通道"按钮 上，如图 8-13 所示。

步骤 03 释放鼠标，复制得到"绿 拷贝"通道，效果如图 8-14 所示。

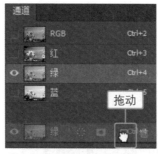

图 8-12 | 图 8-13 | 图 8-14

步骤 04 ❶单击"通道"面板右上角的扩展按钮，❷在展开的面板菜单中执行"复制通道"命令，如图 8-15 所示。

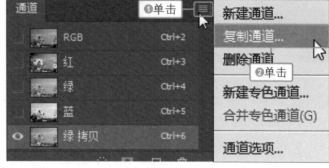

图 8-15

步骤05 打开"复制通道"对话框，❶输入复制通道的"名称"为"花朵"，❷单击"确定"按钮，❸得到"花朵"通道，如图 8-16 所示。

图 8-16

8.1.4　显示 / 隐藏通道

对于"通道"面板中的通道，可以通过单击"指示通道可见性"按钮将其隐藏，也可以通过单击该按钮重新显示隐藏的通道。

素材文件	随书资源 \08\ 素材 \04.jpg
最终文件	无

步骤01 打开素材文件 04.jpg，切换到"通道"面板，可以看到该图像中的所有颜色通道都为显示状态，如图 8-17 所示。

图 8-17

 在工作界面中，如果看不到"通道"面板，可以执行"窗口→通道"菜单命令，重新显示隐藏的"通道"面板。

步骤02 在"通道"面板中单击"蓝"通道前方的"指示通道可见性"按钮，如图 8-18 所示。

图 8-18

步骤03 隐藏"蓝"通道图像，在图像窗口中显示隐藏后的图像效果，如图 8-19 所示。

图 8-19

步骤 04 在"通道"面板中单击"红"通道前方的"指示通道可见性"按钮 👁，如图 8-20 所示。

步骤 05 隐藏"红"通道和"蓝"通道图像，在图像窗口中显示的图像效果如图 8-21 所示。

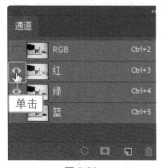

图 8-20

图 8-21

步骤 06 在"通道"面板中单击"蓝"通道前方的"指示通道可见性"按钮 ⬛，如图 8-22 所示。

步骤 07 重新显示"蓝"通道，在图像窗口中查看显示后的效果，如图 8-23 所示。

图 8-22

图 8-23

8.1.5 载入通道选区

在 Photoshop 中，可以将"通道"面板中的通道以选区的方式载入，以便对该区域中的图像做进一步的处理。要将通道中的图像载入到选区中，可以按住〈Ctrl〉键并单击"通道"面板中的通道缩览图，也可以在"通道"面板中单击选中要载入的通道，然后单击面板底部的"将通道作为选区载入"按钮 ⬚。

| 素材文件 | 随书资源 \08\ 素材 \05.jpg |
| 最终文件 | 随书资源 \08\ 源文件 \ 载入通道选区 .psd |

步骤 01 打开素材文件 05.jpg，在图像窗口中查看打开的图像效果，如图 8-24 所示。

图 8-24

步骤 02 打开"通道"面板，选中"蓝"通道，单击"将通道作为选区载入"按钮■，如图 8-25 所示。

图 8-25

步骤 03 将"蓝"通道中的图像作为选区载入后的选区效果如图 8-26 所示。

图 8-26

步骤 04 单击"通道"面板中的 RGB 通道，显示所有的通道，如图 8-27 所示。

图 8-27

步骤 05 新建"色彩平衡 1"调整图层，打开"属性"面板，❶选择"阴影"色调，❷输入颜色值为 +70、0、-47，❸选择"中间调"色调，❹输入颜色值为 +80、0、-41，如图 8-28 所示。

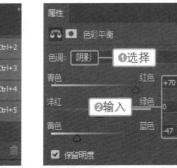

图 8-28

步骤 06 在图像窗口中显示调整后的图像效果，打开"通道"面板，在面板中可看到一个临时的"色彩平衡 1 蒙版"通道，如图 8-29 所示。

图 8-29

153

8.1.6　将选区存储为通道

在 Photoshop 中，不仅可以将通道中的图像以选区的方式载入，也可以将图像中已有的选区存储为新的通道。将选区存储为通道后，如果需要再对该区域中的图像进行编辑与设置，通过载入通道选区的方式就可以得到相应的选区。

素材文件	随书资源 \08\ 素材 \06.jpg
最终文件	随书资源 \08\ 源文件 \ 将选区存储为通道 .psd

步骤 01 打开素材文件 06.jpg，用"多边形套索工具"在图像中创建选区，如图 8-30 所示。

图 8-30

步骤 02 打开"通道"面板，单击底部的"将选区存储为通道"按钮，如图 8-31 所示。

图 8-31

步骤 03 在"通道"面板下方将显示存储选区后生成的 Alpha1 通道，如图 8-32 所示。

图 8-32

步骤 04 单击 Alpha1 通道，在图像窗口中以黑白方式显示通道中的图像，如图 8-33 所示。

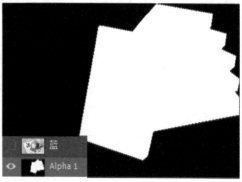
图 8-33

8.2 通道的高级操作

在 Photoshop 中，不仅可以进行创建新通道、复制通道等一些比较基本的操作，还可以执行分离通道、合并通道、编辑通道中的图像等高级操作，得到更丰富的图像效果。

8.2.1 分离通道

应用"分离通道"命令可以将图像中的通道分离为几个单独的图像。分离通道后，原文件被关闭，单个通道出现在单独的灰度图像窗口中，并且新窗口的标题栏会显示原文件名及通道名。

素材文件	随书资源 \08\ 素材 \07.jpg
最终文件	随书资源 \08\ 源文件 \ 分离通道 1.psd ～分离通道 3.psd

步骤 01 打开素材文件 07.jpg，在图像窗口中显示打开的图像，如图 8-34 所示。

步骤 02 打开"通道"面板，❶单击面板右上角的扩展按钮▤，❷在展开的面板菜单中执行"分离通道"命令，如图 8-35 所示。

图 8-34

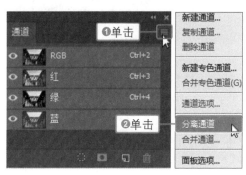

图 8-35

步骤 03 分离通道图像后，执行"窗口→排列→三联垂直"菜单命令，以三联垂直的方式查看分离后的图像效果，如图 8-36 所示。

步骤 04 选择分离后的"绿"通道图像窗口，打开"通道"面板，在面板中只显示一个"灰色"通道，如图 8-37 所示。

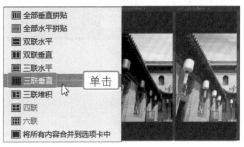

图 8-36

图 8-37

8.2.2　合并通道

应用"分离通道"命令可以将图像中的通道分离为几个单独的图像。分离通道后，原文件被关闭，单个通道出现在单独的灰度图像窗口中，并且新窗口的标题栏会显示原文件名及通道名。

素材文件	随书资源 \08\ 素材 \08.jpg
最终文件	随书资源 \08\ 源文件 \ 合并通道 .psd

步骤 01 打开素材文件 08.jpg，查看打开的图像。打开"通道"面板，执行面板菜单中的"分离通道"命令，如图 8-38 所示。

步骤 02 由于素材图像为 CMYK 模式图像，所以执行"分离通道"操作后，素材图像被分离为 4 个不同的灰度图像。执行"窗口→排列→四联"命令，可看到如图 8-39 所示的效果。

图 8-38

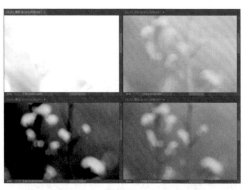

图 8-39

步骤 03 打开"通道"面板，❶单击面板右上角的扩展按钮▤，❷在展开的面板菜单中执行"合并通道"命令，如图 8-40 所示。

步骤 04 打开"合并通道"对话框，❶在"模式"下拉列表中选择"RGB 颜色"选项，❷单击"确定"按钮，如图 8-41 所示。

图 8-40

图 8-41

步骤 05 打开"合并 RGB 通道"对话框，❶在"蓝色"下拉列表框中选择"08.JPG_黑色"选项，其他选项不变，❷单击"确定"按钮，如图 8-42 所示。

步骤 06 随后将合并通道并创建 RGB 模式的图像，打开"通道"面板，在面板中查看合并通道后的效果，如图 8-43 所示。

图 8-42

图 8-43

8.2.3　将通道图像粘贴到图层中

在 Photoshop 中，可以拷贝通道中的图像，并在当前图像或另一个图像中使用该通道中的图像。在"通道"面板中选中要复制的通道，执行"编辑→拷贝"菜单命令或按快捷键〈Ctrl+C〉，复制通道中的图像，然后在目标图像中选择通道，执行"编辑→粘贴"菜单命令或按快捷键〈Ctrl+V〉，即可粘贴通道中的图像。

> 素材文件　　随书资源 \08\ 素材 \09.jpg
> --
> 最终文件　　随书资源 \08\ 源文件 \ 将通道图像粘贴到图层中 .psd

步骤 01 打开素材文件 09.jpg，在图像窗口中显示打开的素材图像，如图 8-44 所示。

步骤 02 打开"通道"面板，单击选择"绿"通道，按快捷键〈Ctrl+A〉，全选通道中的图像，如图 8-45 所示。按快捷键〈Ctrl+C〉，复制"绿"通道中的所有图像。

图 8-44

图 8-45

步骤 03 单击"通道"面板中的 RGB 通道，显示所有通道图像，如图 8-46 所示。

步骤 04 按快捷键〈Ctrl+V〉，粘贴"绿"通道图像，在"图层"面板中生成"图层 1"图层，如图 8-47 所示。

图 8-46

图 8-47

8.2.4　使用滤镜编辑通道

　　Photoshop 中的滤镜命令不但可以用于图层中图像的编辑，还可以用于单个通道中的图像的编辑。若要在通道中应用滤镜效果，则需先在"通道"面板中选取要应用滤镜的通道，然后执行相应的滤镜命令。

素材文件	随书资源 \08\ 素材 \10.jpg
最终文件	随书资源 \08\ 源文件 \ 使用滤镜编辑通道 .psd

 步骤 01 打开素材文件 10.jpg，在图像窗口中查看打开的图像效果，如图 8-48 所示。

步骤 02 打开"通道"面板，单击"创建新通道"按钮，新建 Alpha1 通道，如图 8-49 所示。

图 8-48

图 8-49

步骤 03 执行"滤镜→渲染→纤维"菜单命令，在打开的"纤维"对话框中保持默认选项，单击"确定"按钮，如图 8-50 所示。

步骤 04 应用设置的"纤维"滤镜在通道中渲染出纤维的效果，如图 8-51 所示。

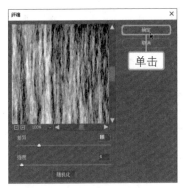

图 8-50

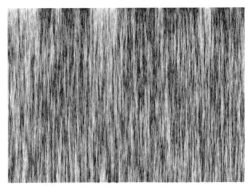

图 8-51

步骤 05 执行"滤镜→模糊→动感模糊"菜单命令，打开"动感模糊"对话框，❶输入"角度"为 90、"距离"为 1000，❷单击"确定"按钮，如图 8-52 所示。

步骤 06 应用设置的"动感模糊"选项，创建模糊的图像效果，如图 8-53 所示。

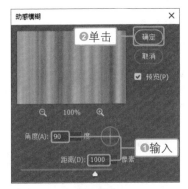

图 8-52

图 8-53

步骤 07 执行"滤镜→扭曲→极坐标"菜单命令，打开"极坐标"对话框，默认选择"平面坐标到极坐标"，单击"确定"按钮，如图 8-54 所示。

步骤 08 应用"极坐标"滤镜创建放射状的线条效果，如图 8-55 所示。

图 8-54

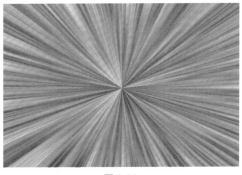

图 8-55

步骤 09 单击"通道"面板底部的"将通道作为选区载入"按钮■，载入 Alpha1 通道选区，如图 8-56 所示。

步骤 10 返回图像窗口，可看到载入的选区效果，如图 8-57 所示。

图 8-56

图 8-57

步骤 11 ❶设置前景色为 R255、G7、B23，❷新建"图层 1"图层，❸按快捷键〈Alt+Delete〉，将选区填充上红色，如图 8-58 所示。

步骤 12 选择"椭圆选框工具"，❶在选项栏中设置"羽化"值为 200 像素，❷在图像中间单击并拖动鼠标，创建椭圆形选区，如图 8-59 所示。

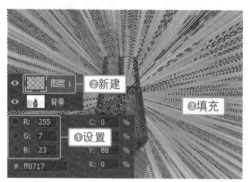

图 8-58

图 8-59

步骤 13 执行"选择→反选"菜单命令，反选选区，❶单击"图层"面板底部的"添加图层蒙版"按钮，添加图层蒙版，❷选择"画笔工具"，在选项栏设置"不透明度"为 21%，❸设置前景色为黑色，用"画笔工具"适当涂抹瓶盖上方位置，隐藏多余的填充颜色，编辑后的效果如图 8-60 所示。

图 8-60

8.3 通道的计算

"通道"面板中的每个通道都代表了一种颜色信息。在编辑图像时,可以应用"计算"或"应用图像"命令对同一个图像或不同图像中的单个通道进行计算,从而创建出不同风格的画面效果。

8.3.1 "计算"命令

"计算"命令用于混合两个来自一个或多个源图像的单个通道,并将计算结果生成为新图像、新通道或当前图像的选区。要注意的是,不能对复合通道应用"计算"命令。执行"图像→计算"菜单命令,打开"计算"对话框,在对话框中可以设置用于计算的通道、混合模式及计算结果等。

素材文件	随书资源 \08\ 素材 \11.jpg
最终文件	随书资源 \08\ 源文件 \ "计算" 命令 .psd

步骤 01 打开素材文件 11.jpg,如图 8-61 所示,执行"图像→计算"菜单命令。

步骤 02 打开"计算"对话框,❶在"源 2"下方的"通道"下拉列表框中选择"绿"选项,❷选择"柔光"混合模式,❸输入"不透明度"为 70,❹单击"确定"按钮,如图 8-62 所示。

图 8-61

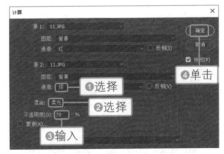

图 8-62

步骤 03 完成图像计算后,在"通道"面板中生成 Alpha1 通道,单击"通道"面板底部的"将通道作为选区载入"按钮 ■,载入 Alpha1 通道选区,如图 8-63 所示。

图 8-63

步骤 04 ❶单击 RGB 通道，❷新建"色相/饱和度 1"调整图层，打开"属性"面板，勾选"着色"复选框，❸输入"色相"为189、"饱和度"为 20，调整选区内的图像，如图 8-64 所示。

图 8-64

8.3.2 "应用图像"命令

在 Photoshop 中，可以使用"应用图像"命令将一个图像的图层和通道与当前图像的图层和通道混合。与"计算"命令一样，"应用图像"命令既可以在同一幅图像中使用，也可以在两幅不同的图像中使用。如果要在两幅图像中执行"应用图像"命令，需要保证两幅图像的尺寸大小完全相同。

素材文件	随书资源 \08\ 素材 \12.jpg、13.jpg
最终文件	随书资源 \08\ 源文件 \ "应用图像" 命令 .psd

步骤 01 打开素材文件 12.jpg，复制"背景"图层，得到"背景 拷贝"图层，如图 8-65 所示。

步骤 02 打开素材文件 13.jpg，在图像窗口中显示打开的图像，如图 8-66 所示。

图 8-65

图 8-66

步骤 03 切换至素材文件 12.jpg 所在的图像窗口，执行"图像→应用图像"菜单命令，打开"应用图像"对话框，❶选择"红"通道，❷选择混合模式为"柔光"，❸输入"不透明度"为 50，❹单击"确定"按钮，如图 8-67 所示。

步骤 04 此时将应用素材文件 13.jpg 中的"红"通道图像混合图像，为 12.jpg 中的图像添加上柔和的光斑效果，如图 8-68 所示。

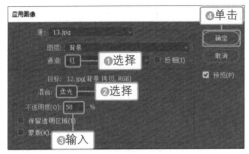

图 8-67

图 8-68

实例演练——通过计算图像为人像磨皮

处理人像照片时，经常会对人物图像进行磨皮处理。本实例先复制通道，并对通道中的图像进行计算，查找皮肤中的瑕疵，通过载入通道选区对它进行提亮，使皮肤变得更光滑，再结合"高反差保留"滤镜锐化图像，突出自然的皮肤纹理，得到更加美观的画面效果，如图 8-69 所示。

素材文件	随书资源 \08\ 素材 \14.jpg
最终文件	随书资源 \08\ 源文件 \ 通过计算图像为人像磨皮 .psd

图 8-69

步骤 01 打开素材文件 14.jpg，在图像窗口显示处理前的原始照片效果，如图 8-70 所示。

步骤 02 打开"通道"面板，选择"蓝"通道，拖动到面板底部的"创建新通道"按钮 上，复制得到"蓝 拷贝"通道，如图 8-71 所示。

图 8-70

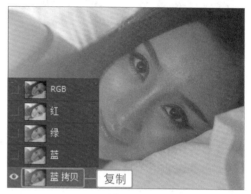

图 8-71

步骤 03 执行"滤镜→其他→高反差保留"菜单命令，打开"高反差保留"对话框，❶输入"半径"为 9.0，❷单击"确定"按钮，如图 8-72 所示。

步骤 04 ❶设置前景色为 R159、G159、B159，❷选择"画笔工具"，在选项栏中适当调整画笔不透明度，运用画笔涂抹眼睛和嘴，如图 8-73 所示。

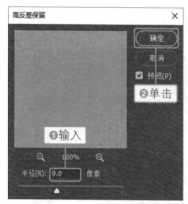

图 8-72

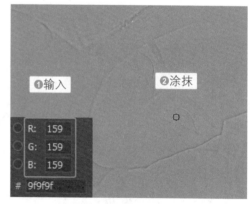

图 8-73

步骤 05 执行"图像→计算"菜单命令，打开"计算"对话框，❶选择"强光"混合模式，其他参数不变，❷单击"确定"按钮，如图 8-74 所示。

图 8-74

步骤 06 随后将计算图像，并将计算结果存储为一个新通道，此时在"通道"面板中显示计算后得到的 Alpha1 通道，如图 8-75 所示。

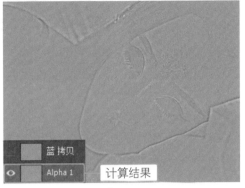

图 8-75

步骤 07 继续执行两次"图像→计算"菜单命令，计算图像后在"通道"面板中生成 Alpha2、Alpha3 通道，如图 8-76 所示。

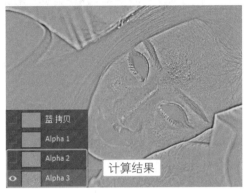

图 8-76

提示 在"计算"对话框中，在"结果"下拉列表框中可以选择并更改计算结果的输出方式。

步骤 08 选中 Alpha3 通道，单击面板底部的"将通道作为选区载入"按钮，将 Alpha3 通道中的图像载入选区中，效果如图 8-77 所示。

图 8-77

步骤 09 执行"选择→反选"菜单命令，反选选区，再单击"通道"面板中的 RGB 通道，由通道转入图层，显示选区效果，如图 8-78 所示。

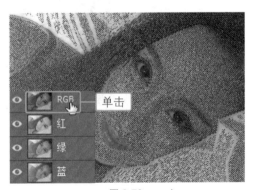

图 8-78

步骤 10 创建"曲线 1"调整图层，打开"属性"面板，在面板中的曲线中点位置单击并向上拖动，如图 8-79 所示。

步骤 11 ❶按快捷键〈Ctrl+Shift+Alt+E〉，盖印图层，得到"图层 1"图层，❷选择"背景"图层，按快捷键〈Ctrl+J〉两次，再将得到的"背景 拷贝"和"背景 拷贝 2"图层移到最上面，如图 8-80 所示。

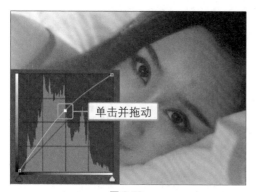

图 8-79

图 8-80

步骤 12　隐藏"背景 拷贝 2"图层，选中"背景 拷贝"图层，执行"滤镜→模糊→表面模糊"菜单命令，打开"表面模糊"对话框，❶输入"半径"为 20、"阈值"为 25，❷单击"确定"按钮，如图 8-81 所示。

步骤 13　❶在"图层"面板中确认"背景 拷贝"图层为选中状态，❷将此图层的"不透明度"设置为 65%，如图 8-82 所示。

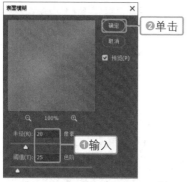

图 8-81

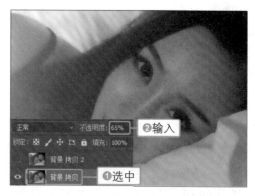

图 8-82

步骤 14　显示并选中"背景 拷贝 2"图层，执行"图像→应用图像"菜单命令，打开"应用图像"对话框，❶选择"红"通道，❷设置混合模式为"正常"，❸单击"确定"按钮，如图 8-83 所示。

步骤 15　执行"滤镜→其他→高反差保留"菜单命令，打开"高反差保留"对话框，❶输入"半径"为 0.8，❷单击"确定"按钮，如图 8-84 所示。

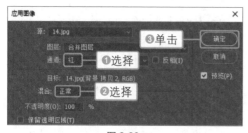

图 8-83

图 8-84

步骤16 ❶选中"背景 拷贝 2"图层，❷设置图层混合模式为"线性光"，可以看到皮肤上显示出比较自然的纹理，如图 8-85 所示。

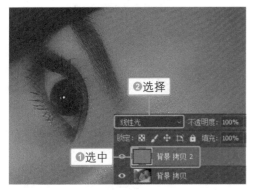

图 8-85

步骤17 ❶选中"图层 1""背景 拷贝""背景 拷贝 2"图层，单击"创建新组"按钮█，将这三个图层合并为"组 1"，❷为"组 1"图层组添加图层蒙版，将蒙版填充为黑色，如图 8-86 所示。

图 8-86

步骤18 设置前景色为白色，选择"画笔工具"，在选项栏中设置画笔"不透明度"为 80%，运用画笔在皮肤上涂抹，显示质感皮肤效果，如图 8-87 所示。

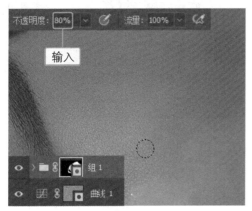

图 8-87

步骤19 ❶单击"调整"面板中的"色阶"，创建"色阶 1"调整图层，❷在打开的"属性"面板中输入色阶值为 10、1.45、255，如图 8-88 所示。

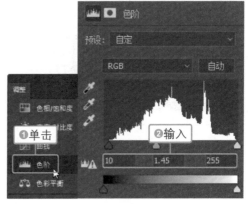

图 8-88

步骤20 ❶在通道列表中选择"蓝"通道选项，❷输入色阶值为 0、1.10、255，如图 8-89 所示，调整"蓝"通道图像的亮度。

步骤21 ❶单击"调整"面板中的"可选颜色"，新建"选取颜色 1"调整图层，❷在打开的"属性"面板中输入颜色百分比为 +6、-7、+7、-6，❸单击"绝对"单选按钮，如图 8-90 所示。

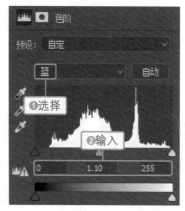

图 8-89

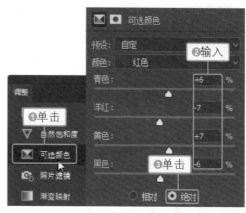

图 8-90

步骤22 此时在图像窗口中可看到，调整图像颜色后人物的皮肤颜色更柔和，按快捷键〈Ctrl+Shift+Alt+E〉，盖印图层，得到"图层2"图层。如图8-91所示。

步骤23 使用修复类工具修补人物皮肤上的斑点、不自然的颜色，然后新建"曲线1"调整图层，在打开的"属性"面板中选择"增加对比度（RGB）"预设选项，加强图像对比效果，如图8-92所示。

图 8-91

图 8-92

步骤24 ❶按快捷键〈Ctrl+Shift+Alt+E〉，盖印图层，得到"图层3"图层，❷执行"滤镜→锐化→智能锐化"菜单命令，在打开的对话框中设置选项，锐化图像，加强纹理质感，如图8-93所示。

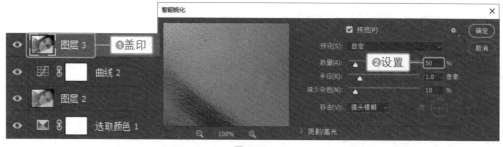

图 8-93

第 9 章　图形的绘制与编辑

Photoshop 提供了许多矢量绘图工具，如矩形工具、多边形工具、钢笔工具等。应用这些工具可以绘制出形状或路径，得到各种图形效果。对于绘制好的图形，可以利用路径编辑工具添加、删除锚点或转换锚点类型，改变图形的外观形态，还可以结合"路径"面板进行填充或描边处理。本章将详细介绍图形的绘制、编辑等相关操作。

9.1　基本图形的绘制

在 Photoshop 中，可以应用矩形工具组中的基本形状绘制工具绘制矩形、圆形、圆角矩形等规则的图形，也可以绘制多边形、心形等特殊形状的图形。这些工具包括"矩形工具""椭圆工具""多边形工具""直线工具""自定形状工具"。

9.1.1　矩形工具

使用"矩形工具"可以绘制出矩形或正方形。"矩形工具"的使用方法与"矩形选框工具"相似，选择该工具后，在图像中单击并拖动鼠标，就可以绘制出矩形，结合〈Shift〉键可绘制正方形。

素材文件	随书资源 \09\ 素材 \01.psd
最终文件	随书资源 \09\ 源文件 \ 矩形工具 .psd

步骤 01 打开素材文件 01.psd，单击工具箱中的"矩形工具"按钮▢，如图 9-1 所示。

步骤 02 ❶在工具选项栏中选择工具模式为"形状"，❷单击"填充"色块，❸在展开的面板中单击右上角的"拾色器"按钮，如图 9-2 所示。

图 9-1

图 9-2

步骤 03 打开"拾色器（填充颜色）"对话框，❶输入颜色值为 R246、G23、B103，❷单击"确定"按钮，如图 9-3 所示。

图 9-3

步骤 04 ❶在"图层"面板中选中"背景"图层，❷将鼠标移到需要绘制矩形的位置，单击并向右下角拖动，如图 9-4 所示。

图 9-4

步骤 05 当拖动到合适的大小后，释放鼠标，即可绘制出矩形，并应用之前设置的填充颜色填充矩形，如图 9-5 所示。

图 9-5

步骤 06 继续使用"矩形工具"在文字下方的适当位置绘制出更多的矩形，绘制后的图像效果如图 9-6 所示。

图 9-6

提示 应用"路径选择工具"选中图形，打开"属性"面板，在面板中可以重新设置图形的填充和描边效果。

步骤 07 ❶打开"图层"面板，可看到创建的多个矩形图层，❷选中"矩形 2"图层，双击其缩览图，如图 9-7 所示。

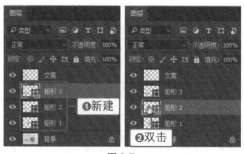

图 9-7

步骤 08 打开"拾色器（纯色）"对话框，❶输入颜色值为 R3、G166、B149，❷单击"确定"按钮，如图 9-8 所示。

步骤 09 此时矩形的填充色被更改为新设定的颜色，使用同样的方法更改其他矩形的填充色，让画面效果更加协调，如图 9-9 所示。

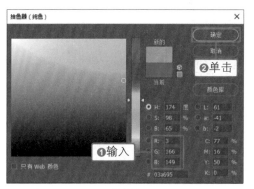

图 9-8

图 9-9

提示 使用"矩形工具"还可以绘制带有平滑转角的矩形，即圆角矩形。选择"矩形工具"后，在选项栏中设置"半径"值来控制圆角弧度，设置的"半径"值越大，绘制出的矩形圆角弧度就越大。绘制圆角矩形后，也可以通过"属性"面板修改圆角的半径大小。

9.1.2 椭圆工具

使用"椭圆工具"可以绘制椭圆形或圆形。选择"椭圆工具"，在选项栏中设置工具模式、填充颜色等选项后，在画面中单击并拖动鼠标即可绘制椭圆形；如果要绘制圆形，则按住〈Shift〉键不放，然后单击并拖动鼠标进行绘制。

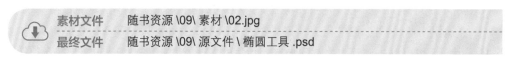

素材文件	随书资源 \09\ 素材 \02.jpg
最终文件	随书资源 \09\ 源文件 \ 椭圆工具 .psd

步骤 01 打开素材文件 02.jpg，按住"矩形工具"按钮 ▣ 不放，在展开的工具组中选择"椭圆工具" ◯，如图 9-10 所示。

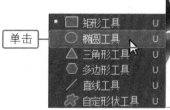

图 9-10

步骤 02 ❶在选项栏中选择"形状"工具模式，❷设置描边颜色为 R93、G93、B93，粗细为 3 像素，取消填充颜色，❸将鼠标移到要绘制圆形的位置，如图 9-11 所示。

步骤 03 按住〈Shift〉键不放，单击并向右下方拖动，释放鼠标，绘制出圆形，如图 9-12 所示。

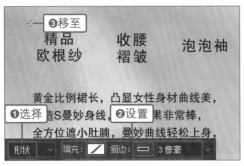

图 9-11

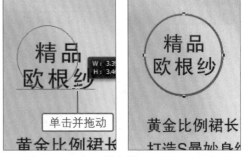

图 9-12

步骤 04 ❶按快捷键〈Ctrl+J〉两次，复制得到"椭圆 1 拷贝"和"椭圆 1 拷贝 2"图层，❷使用"移动工具"调整复制的圆形的位置，如图 9-13 所示。

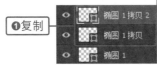

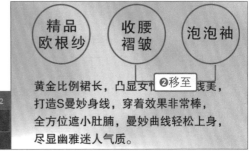

图 9-13

9.1.3 三角形工具

使用"三角形工具"可以绘制任意三角形或等边三角形。选择该工具后，在图像中单击并拖动鼠标，就可以绘制出三角形，结合〈Shift〉键则可以绘制等边三角形。绘制三角形后，还可以单击形状内的圆圈控点，并向内拖动，将三角形的角转换为圆角效果。

素材文件	随书资源 \09\ 素材 \03.psd
最终文件	随书资源 \09\ 源文件 \ 三角形工具 .psd

步骤 01 打开素材文件 03.jpg，❶按住工具箱中的"矩形工具"按钮■不放，在显示的工具组中选择"三角形工具"▲，❷新建"三角形元素"图层组，如图 9-14 所示。

图 9-14

步骤 02 ❶在选项栏中选择"形状"绘制模式，❷设置填充色为 R247、G157、B81，❸按住〈Shift〉键单击并拖动，绘制出正三角形，❹在"图层"面板中得到"三角形"图层，如图 9-15 所示。

步骤 03 按快捷键〈Ctrl+T〉，显示自由变换编辑框，在选项栏中设置旋转角度为 90 度，按下〈Enter〉键，旋转三角形效果，如图 9-16 所示。

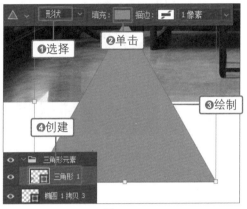

图 9-15

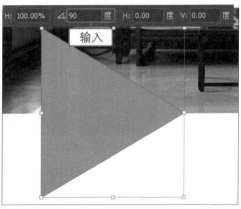

图 9-16

步骤 04 ❶在"图层"面板中选择"三角形 1"图层，❷设置"不透明度"为 85%，降低三角形的透明度效果，如图 9-17 所示。

步骤 05 ❶按快捷键〈Ctrl+J〉，复制"三角形 1"图层，得到"三角形 1 拷贝"图层，❷将图层"不透明度"更改为 100%，如图 9-18 所示。

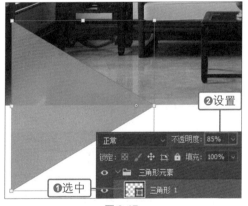

图 9-17

图 9-18

步骤 06 ❶按快捷键〈Ctrl+T〉，显示自由变换编辑框，单击并向内侧拖动，缩小图形，❷将缩小后的三角形移到右侧合适的位置，如图 9-19 所示。

图 9-19

步骤 07 按快捷键〈Ctrl+J〉多次，复制出更多的橙色三角形，分别调整这些三角形的大小和位置，效果如图 9-20 所示。

步骤 08 使用相同的方法再绘制一个蓝色的三角形，复制蓝色三角形，分别调整大小和位置，完善画面效果，如图 9-21 所示。

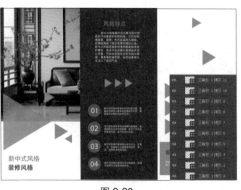

图 9-20

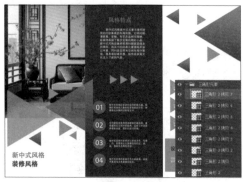

图 9-21

9.1.4　多边形工具

应用"多边形工具"可以绘制任意边数的图形。选择"多边形工具"后，单击工具选项栏中的"几何体选项"按钮，在展开的面板中可以设置多边形的宽高比、半径等选项，还可以通过设置星形比例绘制星形图形。

素材文件	随书资源 \09\ 素材 \04.jpg
最终文件	随书资源 \09\ 源文件 \ 多边形工具 .psd

步骤 01 打开素材文件 04.jpg，按住"矩形工具"按钮 不放，在展开的工具组中选择"多边形工具" ，如图 9-22 所示。

步骤 02 ❶在选项栏中选择"形状"工具模式，❷单击"填充"色块，❸在展开的面板中设置填充颜色，❹单击"描边"色块，❺设置描边颜色，如图 9-23 所示。

图 9-22

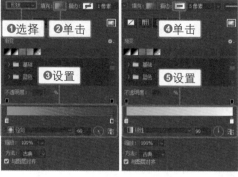

图 9-23

步骤 03 ❶输入"边"为 6，❷单击"几何体选项"按钮，❸输入"星形比例"为 60%，❹在图像中的适当位置单击并拖动鼠标，绘制出星形，如图 9-24 所示。

步骤 04 继续使用"多边形工具"在画面中绘制更多不同大小的星形图形，如图 9-25 所示。

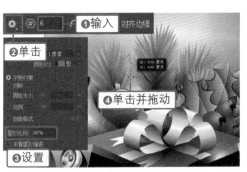

图 9-24

图 9-25

9.1.5　直线工具

"直线工具"用于绘制不同粗细的直线段。选择"直线工具"，在选项栏中可以通过设置"粗细"值来控制要绘制的直线段的宽度，还可以单击"几何体选项"按钮，在展开的面板中勾选"起点"或"终点"复选框，在直线段单侧或两侧添加箭头效果。

素材文件	随书资源 \09\ 素材 \05.jpg
最终文件	随书资源 \09\ 源文件 \ 直线工具 .psd

步骤 01 打开素材文件 05.jpg，在图像窗口中显示打开的图像效果，如图 9-26 所示。

步骤 02 选择"直线工具" ▱，❶选择工具模式为"形状"，❷设置填充颜色为 R67、G67、B67，取消描边颜色，❸输入"粗细"为 15 像素，❹按住〈Shift〉键不放，单击并拖动鼠标，绘制直线，如图 9-27 所示。

图 9-26

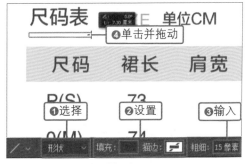

图 9-27

步骤 03 ❶在选项栏中将"粗细"更改为 3 像素，❷按住〈Shift〉键不放，在右侧单击并拖动鼠标，绘制一条更细的直线，如图 9-28 所示。

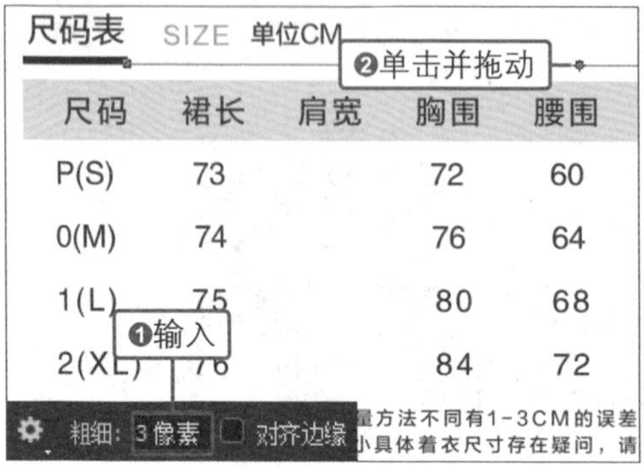

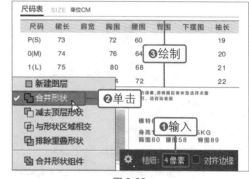

图 9-28

步骤 04 ❶在选项栏中将"粗细"更改为 4 像素，❷单击"路径操作"按钮，在展开的列表中单击"合并形状"选项，❸继续在下方绘制两条直线，如图 9-29 所示。

图 9-29

步骤 05 ❶单击工具选项栏中的"路径操作"按钮，在展开的列表中单击"新建图层"选项，❷在文字"肩宽"下方单击并拖动鼠标，绘制一条斜线，如图 9-30 所示。

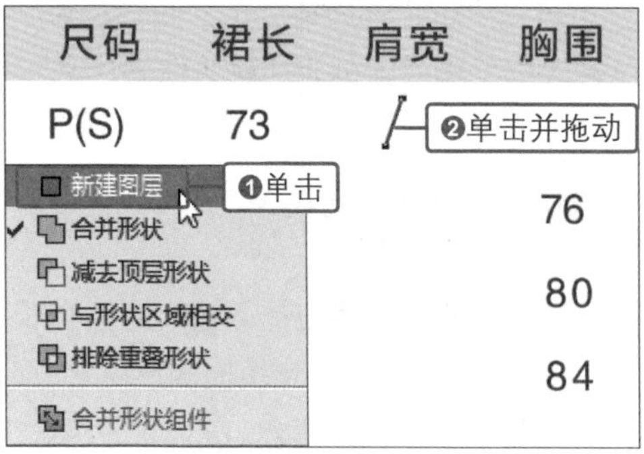

图 9-30

步骤 06 选中绘制的斜线，连续多次按快捷键〈Ctrl+J〉，复制出更多斜线，将复制的斜线分别移到相应位置，完成商品尺码表的设计，如图 9-31 所示。

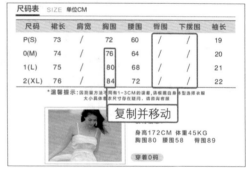

图 9-31

9.1.6 自定形状工具

Photoshop 预设了多类几何图形，这些图形都被放置在"自定形状"拾色器中，用户可以选择"自定形状工具"，然后打开"自定形状"拾色器，选择其中的图形再绘制在画面中。此外，用户还可以将自己绘制的图形添加到"自定形状"拾色器中，用于更多相同图形的绘制。

素材文件　　随书资源 \09\ 素材 \06.jpg

最终文件　　随书资源 \09\ 源文件 \ 自定形状工具 .psd

步骤 01 打开素材文件 06.jpg，按住"矩形工具"按钮不放，在展开的工具组中选择"自定形状工具" ，如图 9-32 所示。

图 9-32

步骤 03 载入"旧版形状及其他"形状组，❶单击左侧的倒三角形按钮，❷展开形状组，可看到该形状组下包含多个子形状组，如图 9-34 所示。

图 9-34

步骤 05 ❶选择工具模式为"形状"，❷设置填充颜色为白色，取消描边颜色，❸在图像左上角单击并拖动鼠标，绘制图形，如图 9-36 所示。

步骤 02 执行"窗口→形状"菜单命令，打开"形状"面板，❶单击右上角的扩展按钮 ▤，❷执行"旧版形状及其他"命令，如图 9-33 所示。

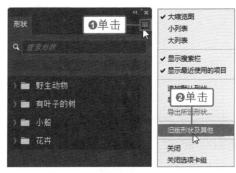

图 9-33

步骤 04 ❶在工具选项栏中单击"点按可打开'自定形状'拾色器"按钮 ▮，打开"自定形状"拾色器，❷单击选择"会话 4"形状，如图 9-35 所示。

图 9-35

图 9-36

177

步骤 06 ❶选中绘制的图形，执行"编辑→变换路径→水平翻转"菜单命令，水平翻转图形，❷然后在图形中输入合适的文字，如图 9-37 所示。

图 9-37

9.2 | 任意图形的绘制

在 Photoshop 中，除了可以绘制基本的矩形、圆形、多边形等图形，还可以使用"钢笔工具"或"自由钢笔工具"绘制不规则图形，并且可以通过编辑图形上的锚点，制作更加个性化的图形。

9.2.1 钢笔工具

"钢笔工具"可以绘制出任意形状的图形。使用"钢笔工具"在图像中单击添加起始锚点，然后在另一个位置单击添加锚点，就能将两个锚点用直线连接起来。如果需要在两个锚点中间应用曲线连接，则单击并拖动鼠标，设置曲线段的斜度即可。

| 素材文件 | 随书资源 \09\ 素材 \07.jpg |
| 最终文件 | 随书资源 \09\ 源文件 \ 钢笔工具 .psd |

步骤 01 打开素材文件 07.jpg，如图 9-38 所示。

步骤 02 选择"钢笔工具" ，❶在选项栏中选择"形状"绘制模式，❷设置填充颜色为 R237、G28、B36，❸将鼠标移到绘制的起点并单击，如图 9-39 所示。

步骤 03 定义第一个锚点，然后将鼠标移到希望结束的位置，单击添加第二个锚点，此时两个锚点之间用直线连接，如图 9-40 所示。

图 9-38

图 9-39

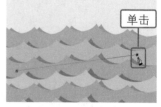

图 9-40

步骤 04 将鼠标移到第一个锚点上方，此时鼠标指针变为❤️形，❶单击并拖动鼠标，闭合路径，❷在"图层"面板中得到"形状 1"图层，如图 9-41 所示。

步骤 05 双击"形状 1"图层名称右侧的空白处，打开"图层样式"对话框，在左侧选择"图案叠加"样式，❶在右侧设置混合模式为"叠加"，❷选择图案，❸输入"缩放"为 800，如图 9-42 所示。

步骤 06 单击"确定"按钮，返回图像窗口，查看应用"图案叠加"图层样式的效果，如图 9-43 所示。

图 9-41

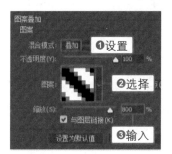

图 9-42

图 9-43

步骤 07 选择"钢笔工具"，在选项栏中更改填充颜色值为 R245、G128、B32，绘制橙色的船帆。使用相同的方法，绘制出更多不同颜色的图形，如图 9-44 所示。

步骤 08 打开"图层"面板，选中"形状 1"到"形状 4"图层，按快捷键〈Ctrl+Alt+E〉，盖印图层，得到"形状 4（合并）"图层，如图 9-45 所示。

步骤 09 选中"形状 4（合并）"图层，执行"图层→排列→置为底层"菜单命令，将"形状 4（合并）"图层移到"形状 1"图层下方，如图 9-46 所示。

图 9-44

图 9-45

图 9-46

步骤 10 双击"形状 4（合并）"图层名称右侧的空白处，打开"图层样式"对话框，在左侧选择"描边"样式，❶在右侧输入"大小"为 30，❷设置描边颜色为白色，如图 9-47 所示。

步骤 11 单击"确定"按钮，应用"描边"图层样式，在图像窗口中查看为图形添加白色描边后的效果，如图 9-48 所示。

图 9-47

图 9-48

9.2.2　自由钢笔工具

"自由钢笔工具"通过鼠标移动的轨迹绘制路径，绘制时无须确定锚点位置，就像用铅笔在纸上绘图一样。还可勾选工具选项栏中的"磁性的"复选框，定义对齐方式的范围和灵敏度，绘制出与图像中明确的边缘对齐的路径。

素材文件	随书资源 \09\ 素材 \08.jpg
最终文件	随书资源 \09\ 源文件 \ 自由钢笔工具 .psd

步骤 01 打开素材文件 08.jpg，选择"自由钢笔工具" ，在选项栏中设置工具模式为"形状"，填充颜色为 R232、G8、B107 到 R253、G103、B248 的渐变颜色，如图 9-49 所示。

步骤 02 ❶勾选"磁性的"复选框，❷单击"几何体选项"按钮，❸输入"宽度"为 10 像素、"对比"为 10%、"频率"为 80，❹将鼠标移到花朵图像上方，如图 9-50 所示。

图 9-49

图 9-50

步骤 03 在图像中单击，设置第一个锚点，然后沿着花朵图像边缘移动鼠标，移动过程中会在花朵图像边缘自动添加锚点和路径，如图 9-51 所示。

步骤 04 继续沿着花朵图像边缘移动，当移动到路径起点位置时，鼠标指针将变为形，双击创建闭合路径，并填充了设定的渐变色，如图 9-52 所示。

图 9-51　　　　　　　　　　　　　　图 9-52

应用"自由钢笔工具"绘制图形时，如果自动设置的锚点、线条没有与所需的边缘对齐，则可以通过单击的方式手动添加锚点。如果出现错误的锚点，可以按〈Delete〉键将其删除。

步骤 05 使用相同的方法，运用"自由钢笔工具"沿着其他花朵图像边缘绘制图形，如图 9-53 所示。

步骤 06 选择"自定形状工具"，❶在选项栏中选择工具模式为"形状"，❷设置填充颜色为 R213、G157、B55，❸在"自定形状"拾色器中选择"花形装饰 4"，❹在花朵中间绘制图形作为花蕊，如图 9-54 所示。

图 9-53

图 9-54

步骤 07 复制"背景"图层，得到"背景拷贝"图层，执行"滤镜→滤镜库"菜单命令，打开"滤镜库"对话框，❶选择"木刻"滤镜，❷设置选项，简化背景，如图 9-55 所示。

图 9-55

9.2.3 弯度钢笔工具

"弯度钢笔工具"可以让用户以更直观的方式绘制平滑曲线和直线段。使用此工具绘制图像时，无须频繁地切换工具，即可轻松创建、切换、编辑、添加、删除平滑点或角点。当放置锚点时，如果希望路径的下一段为直线段，只需双击锚点；如果希望路径的下一点呈现弯曲状态，则单击锚点。

| 素材文件 | 随书资源 \09\ 素材 \09.jpg |
| 最终文件 | 随书资源 \09\ 源文件 \ 弯度钢笔工具 .psd |

步骤 01 打开素材文件 09.jpg，按住"钢笔工具"按钮不放，在展开的工具组中选择"弯度钢笔工具" ，如图 9-56 所示。

步骤 02 ❶在选项栏中选择"形状"绘制模式，❷设置填充颜色为白色，❸将鼠标移到绘制的起点并单击，创建第一个锚点，如图 9-57 所示。

步骤 03 移动鼠标，再次单击以定义第二个锚点，完成一段路径的绘制，此时两个锚点之间显示一条直线路径，如图 9-58 所示。

图 9-56

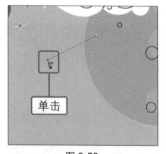

图 9-57

图 9-58

步骤 04 移动鼠标，再次单击并拖动，定义第三个锚点同时调整曲线的弧度，如图 9-59 所示。

步骤 05 继续单击并拖动定义第四和第五个锚点，然后双击第五个锚点，将平滑锚点转换为角点，如图 9-60 所示。

步骤 06 在移动鼠标，再次单击定义第六个锚点，然后双击第六个锚点，同样将其转换为角点，如图 9-61 所示。

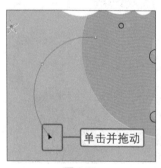

图 9-59

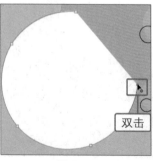

图 9-60

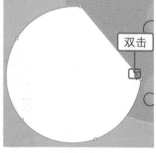

图 9-61

步骤 07 将鼠标移到第一个锚点位置，此时鼠标指针变为 形，❶单击并拖动，闭合路径，❷得到"形状 1"图层，如图 9-62 所示。

步骤 08 继续使用"弯度钢笔工具"绘制更多图形并填充相同的白色，组成一只小兔子效果，如图 9-63 所示。

步骤 09 ❶在选项栏中将描边色设为 R130、G59、B20，❷粗细设为 2 像素，❸绘制一条曲线，如图 9-64 所示。

图 9-62

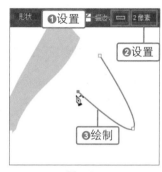

图 9-63

图 9-64

步骤 10 继续使用"弯度钢笔工具"绘制出兔子的轮廓线条、眼睛等细节部分，以及兔子手中提着的灯笼，如图 9-65 所示。

步骤 11 ❶选中并复制"形状 19"至"形状 22"图层，❷将复制的线条和图像移到合适的位置，晚上灯笼效果，如图 9-66 所示。

图 9-65

图 9-66

步骤 12 选择"横排文字工具"，在图像中输入一些简单的文字,效果如图 9-67 所示。

图 9-67

9.3 编辑路径

路径由一个或多个直线段或曲线段组成。在画面中绘制路径后，可以应用路径编辑工具调整路径上的锚点、直线段或曲线段，以更改路径的外观形态；还可以使用“路径”面板为选定的路径设置填充颜色和描边效果。

9.3.1 在路径中添加锚点

添加锚点可以增强对路径的控制，还可以扩展开放路径。应用“添加锚点工具”在路径中单击即可添加锚点，如果在路径中单击并拖动，则可在添加锚点的同时调整路径形状。

素材文件　随书资源 \09\ 素材 \10.psd
最终文件　随书资源 \09\ 源文件 \ 在路径中添加锚点 .psd

步骤 01 打开素材文件 10.psd，按住“路径选择工具”按钮不放，❶在展开的工具组中选择“直接选择工具”，❷然后单击选中路径，如图 9-68 所示。

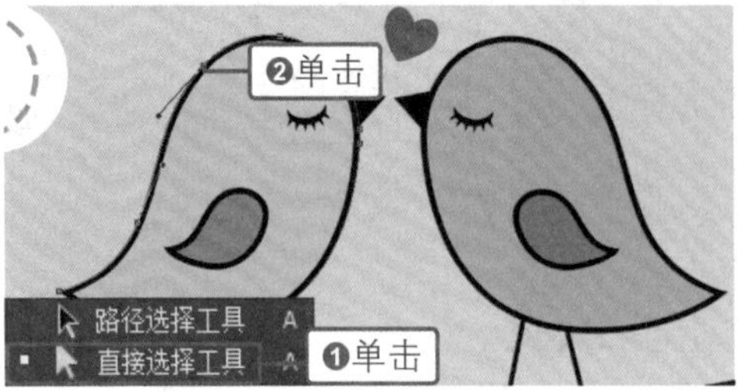

图 9-68

步骤 02 按住工具箱中的“钢笔工具”按钮不放，❶在展开的工具组中选择“添加锚点工具”，❷将鼠标移至小鸟头部的路径，单击鼠标，在该位置添加一个锚点，如图 9-69 所示。

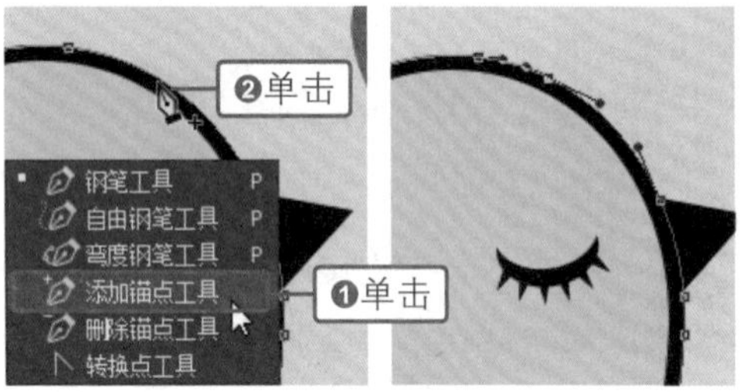

图 9-69

步骤 03 继续使用“添加锚点工具”在曲线段上连续单击，添加多个锚点，如图 9-70 所示。

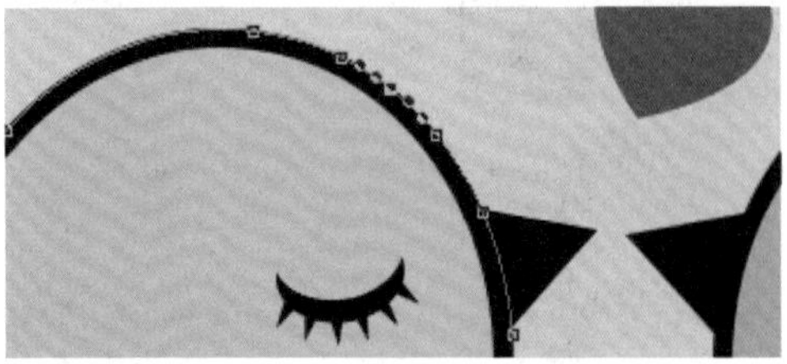

图 9-70

步骤 04 使用“直接选择工具”单击选中中间一个锚点，向上拖动锚点，调整路径形状，如图 9-71 所示。

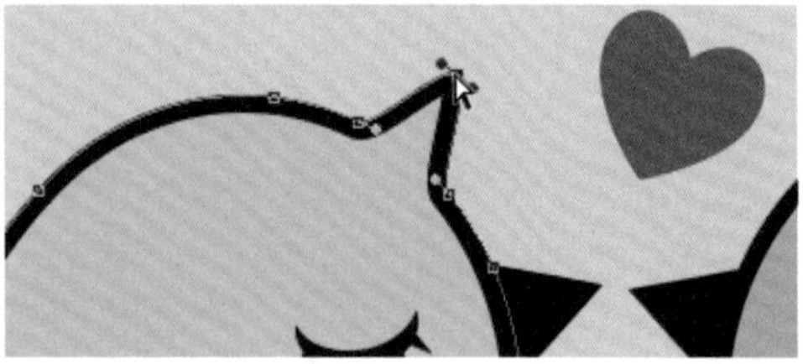

图 9-71

步骤 05 确认路径为选中状态，右击鼠标，在弹出的快捷菜单中执行"添加锚点"命令，如图 9-72 所示，即可在路径中添加锚点。

步骤 06 使用"直接选择工具"单击选中添加的锚点，将该锚点往左上方拖动，然后拖动锚点右侧的方向线，再次调整路径形状，如图 9-73 所示。

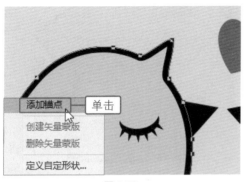

图 9-72

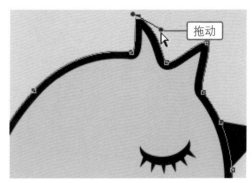

图 9-73

9.3.2　删除路径上的锚点

对于绘制好的路径，可以删除不必要的锚点来简化路径。使用"删除锚点工具"在路径中的锚点上单击，就可以删除锚点。删除锚点后，Photoshop 会根据剩余的锚点更改图形的外形轮廓。

素材文件	随书资源 \09\ 素材 \11.psd
最终文件	随书资源 \09\ 源文件 \ 删除路径上的锚点 .psd

步骤 01 打开素材文件 11.jpg，打开"图层"面板，在面板中选中需要修改的形状图层，如图 9-74 所示。

步骤 02 按住工具箱中的"钢笔工具"按钮 不放，❶在展开的工具组中选择"删除锚点工具" ，❷单击图形选中路径，❸将鼠标移到需要删除的锚点上，如图 9-75 所示。

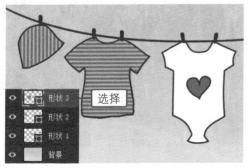

图 9-74

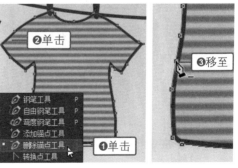

图 9-75

步骤 03 单击鼠标，即可删除该锚点，随后软件会适当调整相邻两个锚点间的曲线形状，如图 9-76 所示。

步骤 04 将鼠标移到其他锚点上，通过单击删除更多的锚点，再使用"直接选择工具"调整余下的锚点和方向线，简化图形，如图 9-77 所示。

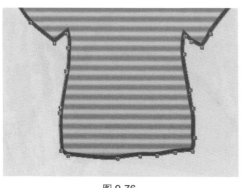

图 9-76

图 9-77

9.3.3 转换锚点的类型

如果需要将角点转换为平滑点，选择"转换点工具"，或使用"钢笔工具"并按住〈Alt〉键，将鼠标放于角点上，然后向角点外拖动；如果需要将平滑点转换为没有方向线的角点，选择"转换点工具"，或使用"钢笔工具"并按住〈Alt〉键，单击平滑点进行转换。

素材文件　　随书资源 \09\ 素材 \12.psd
最终文件　　随书资源 \09\ 源文件 \ 转换锚点的类型 .psd

步骤 01 打开素材文件 12.psd，在"图层"面板中选中要转换的形状图层，如图 9-78 所示。

步骤 02 按住"钢笔工具"按钮不放，❶在展开的工具组中选择"转换点工具"，❷单击路径将其选中，如图 9-79 所示。

图 9-78

图 9-79

步骤 03 将鼠标移到需要转换的锚点上，单击鼠标即可将平滑点转换为角点，如图9-80 所示。

步骤 04 将鼠标移到另一侧的锚点上，单击转换锚点，随后软件会根据转换后的锚点类型调整锚点之间的线段形状，如图9-81所示。

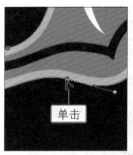

图 9-80

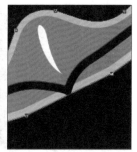

图 9-81

步骤 05 ❶选择"添加锚点工具"，在转换后的两个锚点中间位置单击，添加新的锚点，❷选择"转换点工具"，单击添加的锚点，转换锚点类型，如图9-82 所示。

步骤 06 ❶选择"直接选择工具"，❷单击选中转换后的锚点并向下拖动，更改图形形状，如图9-83 所示。

图 9-82

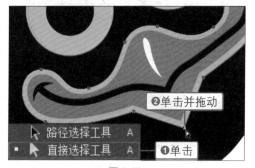

图 9-83

9.3.4　填充路径

使用"填充路径"功能可以用指定颜色、图案等填充路径。执行"路径"面板菜单中的"填充路径"命令，或按住〈Alt〉键不放，单击面板底部的"用前景色填充路径"按钮，打开"填充路径"对话框，在对话框中即可指定填充选项。

| 素材文件 | 随书资源 \09\ 素材 \13.jpg |
| 最终文件 | 随书资源 \09\ 源文件 \ 填充路径 .psd |

步骤 01 打开素材文件 13.jpg，❶新建"包身"路径，❷选择"钢笔工具"，设置"路径"绘制模式，在画面中绘制挎包形状的路径，如图 9-84 所示。

图 9-84

步骤 02 ❶在工具箱中设置前景色为 R235、G93、B72，❷打开"图层"面板，单击"创建新图层"按钮❑，❸新建"图层 1"图层，如图 9-85 所示。

图 9-85

步骤 03 打开"路径"面板，❶在面板中选中"包身"路径，❷单击底部的"用前景色填充路径"按钮❑，如图 9-86 所示。

图 9-86

步骤 04 在"图层 1"图层中，用设置的前景色填充路径，在图像窗口中查看填充后的图形效果，如图 9-87 所示。

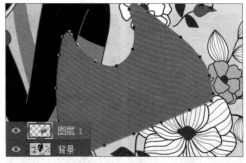

图 9-87

步骤 05 执行"窗口→图案"菜单命令，打开"图案"面板，❶单击右上角的扩展按钮❑，❷执行"旧版图案及其他"命令，如图 9-88 所示。

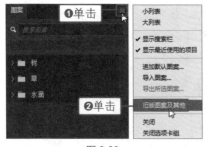

图 9-88

步骤 06 载入"旧版图案及其他"图案组，❶单击左侧的倒三角形按钮，❷展开图案组，可看到该图案组下包含多个子图案组，如图 9-89 所示。

图 9-89

步骤 07 创建新图层，打开"路径"面板，❶单击面板右上角的扩展按钮▤，❷在展开的面板菜单中执行"填充路径"命令，如图 9-90 所示。

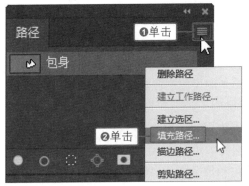

图 9-90

步骤 09 展开"彩色纸"图案组，单击"彩色纸"图案组中的"红色犊皮纸（128×128 像素，RGB 模式）"图案，如图 9-92 所示。

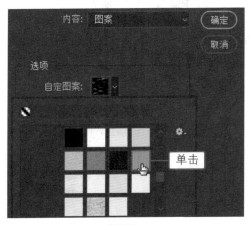

图 9-92

步骤 11 打开"十字线织物"对话框，❶输入"图案缩放"为 0.22、"间距"为 2、"颜色随机性"为 0.16、"亮度随机性"为 0.41，❷单击"确定"按钮，如图 9-94 所示。

步骤 08 打开"填充路径"对话框，❶在"内容"下拉列表框中选择"图案"选项，❷单击"点按可打开'自定形状'拾色器"按钮▤，打开"自定形状"拾色器，❸单击"彩色纸"左侧的倒三角形按钮，如图 9-91 所示。

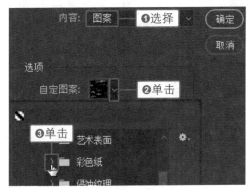

图 9-91

步骤 10 选中要应用的填充图案后，❶勾选"脚本"复选框，❷在"使用脚本生成图案"下拉列表框中选择"十字线织物"选项，❸单击"确定"按钮，如图 9-93 所示。

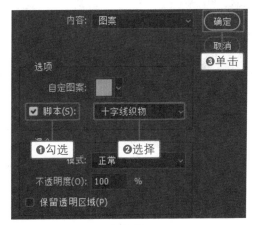

图 9-93

步骤 12 此时会应用设置的图案选项填充路径。❶在"图层"面板中选中图案所在图层，❷设置图层混合模式为"滤色"、"不透明度"为 28%，混合图像，效果如图 9-95 所示。

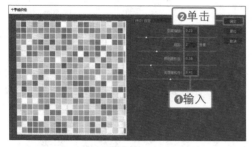

图 9-94

图 9-95

步骤 13 继续使用"钢笔工具"在画面中绘制更多路径，然后分别创建新图层，在图层中填充路径，绘制出完整的挎包图像，如图 9-96 所示。

步骤 14 ❶新建"组 1"图层组，将填充得到的挎包图像添加到图层组中，❷使用"椭圆工具"在挎包的适当位置绘制小圆作为铆钉，❸为"组 1"添加图层蒙版，通过编辑图层蒙版隐藏人物手臂上方的挎包和带子部分，制作出正常的挎包效果，如图 9-97 所示。

图 9-96

图 9-97

9.3.5 描边路径

"描边路径"命令可以沿任何路径创建绘画描边。执行"路径"面板菜单中的"描边路径"命令，或按住〈Alt〉键不放，单击面板底部的"用画笔描边路径"按钮 ，打开"描边路径"对话框，在对话框中即可指定描边选项。

素材文件	随书资源 \09\ 素材 \14.psd
最终文件	随书资源 \09\ 源文件 \ 描边路径 .psd

步骤 01 打开素材文件 14.psd，在"图层"面板中创建一个"描边"图层，如图 9-98 所示。

步骤 02 选择"画笔工具"，❶在"画笔预设"选取器中选择"圆扇形细硬毛刷"画笔，❷输入"大小"为 13 像素，❸设置前景色为 R157、G179、B38，如图 9-99 所示。

图 9-98

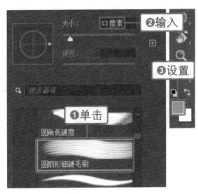

图 9-99

步骤 03 打开"路径"面板，❶在面板中选中需要描边的路径缩览图，❷单击底部的"用画笔描边路径"按钮 ，如图 9-100 所示。

步骤 04 应用设置的画笔描边路径，效果如图 9-101 所示。

图 9-100

图 9-101

9.3.6 将路径转换为选区

完成路径的编辑后，可以将其转换为选区，这一功能常用于精细抠图。要将路径转换为选区，可以单击"路径"面板右上角的扩展菜单，或者右击面板中的路径缩览图，在弹出的菜单中执行"建立选区"命令，打开"建立选区"对话框，在对话框中可指定选区边缘的羽化效果或选区的操作方式。

 素材文件 随书资源 \09\ 素材 \15.jpg

最终文件 随书资源 \09\ 源文件 \ 将路径转换为选区 .psd

步骤 01 打开素材文件 15.jpg，使用"钢笔工具"沿图像中的钱包边缘绘制路径，如图 9-102 所示。

步骤 02 打开"路径"面板，❶选中并右击绘制的路径缩览图，❷在弹出的快捷菜单中执行"建立选区"命令，如图 9-103 所示。

图 9-102

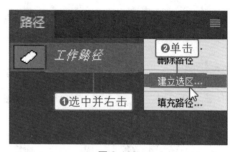

图 9-103

步骤 03 打开"建立选区"对话框，❶输入"羽化半径"为 1，❷单击"确定"按钮，如图 9-104 所示。

步骤 04 此时将绘制的工作路径转换为选区，按快捷键〈Ctrl+J〉，复制选区中的图像，抠出钱包图像，如图 9-105 所示。

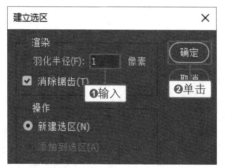

图 9-104

图 9-105

提示

若不需要对选区指定羽化效果，可用这几种方法将路径直接转换为选区：在"路径"面板中选中路径缩览图，按快捷键〈Ctrl+Enter〉或单击面板底部的"将路径作为选区载入"按钮；按住〈Ctrl〉键不放，在"路径"面板中单击路径缩览图。

实例演练——绘制矢量插画风格的广告海报

运用 Photoshop 中的矢量绘图工具可以绘制出各种风格的插画。在本实例中，先运用"椭圆工具"在画面中绘制蓝色的圆形，然后使用"钢笔工具"绘制出椰树、海浪图形，并在这些图形上方绘制人物图形，最后在画面下方添加文字，完善画面效果，得到漂亮的插画风格的广告海报，最终效果如图 9-106 所示。

素材文件	无
最终文件	随书资源 \09\ 源文件 \ 绘制矢量插画风格的广告海报 .psd

图 9-106

步骤 01 执行"文件→新建"菜单命令，新建一个空白文档，如图9-107所示。

步骤 02 选择"椭圆工具"，❶在选项栏中设置工具模式为"形状"，填充颜色为R59、G175、B224，❷在左下角绘制圆形，❸得到"椭圆1"图层，如图9-108所示。

步骤 03 选择"钢笔工具"，❶在选项栏中设置工具模式为"形状"，填充颜色为R59、G175、B224，❷在画面中绘制人物的影子图形，❸得到"形状1"图层，如图9-109所示。

图 9-107

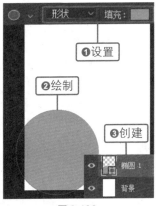

图 9-108

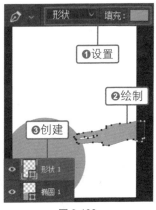

图 9-109

步骤 04 打开"图层"面板，❶在面板底部单击"创建新组"按钮，❷创建新图层组，并将其重命名为"背景"，如图 9-110 所示。

步骤 05 选择"椭圆工具"，❶在选项栏中设置工具模式为"形状"，填充颜色为 R59、G174、B223，❷在画面上方绘制圆形，❸得到"椭圆 2"图层，如图 9-111 所示。

步骤 06 选择"钢笔工具"，❶在选项栏中设置工具模式为"形状"，填充颜色为 R28、G41、B85，❷在左下角绘制不规则的海浪图形，如图 9-112 所示。

图 9-110

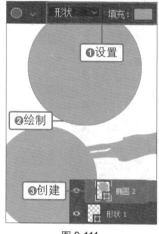

图 9-111

图 9-112

步骤 07 继续使用"钢笔工具"在蓝色的圆形上方绘制海浪、飞鸟、椰树等图形，并分别填充上合适的颜色，如图 9-113 所示。

步骤 08 选中"背景"图层组中除"椭圆 2"图层外的所有图层，执行"图层→创建剪贴蒙版"菜单命令，创建剪贴蒙版，隐藏多余图形，如图 9-114 所示。

步骤 09 选中"背景"图层组中的"形状 45"图层，按快捷键〈Ctrl+J〉，复制层中的飞鸟图形，得到"形状 45 拷贝"图层，如图 9-115 所示。

图 9-113

图 9-114

图 9-115

步骤 10 ❶将"形状 45 拷贝"图层移到"形状 1"图层上方，❷双击图层缩览图，打开"拾色器（纯色）"对话框，输入颜色值为 R59、G175、B224，更改飞鸟颜色，如图 9-116 所示。

图 9-116

步骤 11 ❶单击"图层"面板底部的"创建新组"按钮，创建"人物"图层组，❷在"人物"图层组下再创建更多图层组，如图 9-117 所示。

步骤 12 选择"钢笔工具"，在选项栏中选择"形状"工具模式，在画面中绘制人物图形，为其填充颜色，如图 9-118 所示。

步骤 13 ❶单击"图层"面板底部的"创建新组"按钮，❷创建图层组，将其重命名为"其他元素"，如图 9-119 所示。

图 9-117

图 9-118

图 9-119

步骤 14 选择"矩形工具"，❶在选项栏中设置工具模式为"形状"、填充颜色为白色、"半径"为 100 像素，❷在左下角的蓝色圆形上方单击并拖动，绘制白色圆角矩形，如图 9-120 所示。

步骤 15 用"横排文字工具"和"直排文字工具"在画面下方输入合适的文字，❶单击"移动工具"按钮，选中右侧的两个文字图层，❷单击选项栏中的"右对齐"按钮 ，对齐文字，如图 9-121 所示。

图 9-120

图 9-121

第 10 章　文字的创建与应用

在平面设计作品中适当添加一些文字，不但能增加作品的信息量，而且能提高版面的美观度。Photoshop 提供了强大的文字编辑功能，用户可以使用文字工具在画面中输入文字内容，并且可以结合"字符"面板和"段落"面板更改文字属性和段落属性，还可以对文字进行变形，创建更能突出作品主题的文字特效。本章将通过详细的操作讲解文字的创建与应用方法。

10.1　创建蒙版

Photoshop 中的文字工具组包含"横排文字工具""直排文字工具""横排文字蒙版工具""直排文字蒙版工具"4 种工具，用于在图像中输入横向或纵向排列的文字，或创建横向或纵向的文字选区。

10.1.1　横排文字工具

使用"横排文字工具"可以在图像中输入横向排列的文字。选择工具箱中的"横排文字工具"，在选项栏中设置各选项，在图像中单击显示光标插入点，然后在插入点位置即可输入文字内容。

素材文件	随书资源 \10\ 素材 \01.jpg
最终文件	随书资源 \10\ 源文件 \ 横排文字工具 .psd

步骤 01 打开素材文件 01.jpg，❶单击"矩形工具"按钮▣，❷在选项栏中设置选项，❸在画面中绘制矩形图形，如图 10-1 所示。

步骤 02 ❶单击"横排文字工具"按钮T，❷在选项栏中设置字体为"方正兰亭纤黑简体"、字体大小为 18 点、颜色为白色，如图 10-2 所示。

图 10-1

图 10-2

步骤 03 将鼠标移到矩形上方单击，出现闪烁的插入点后输入英文文字，如图 10-3 所示。

图 10-3

步骤 05 执行"窗口→字符"菜单命令，打开"字符"面板，❶选择字体为"方正兰亭准黑简体"，❷设置字体大小为 48 点，❸设置字符间距为 -75，其他选项参数值不变，如图 10-5 所示。

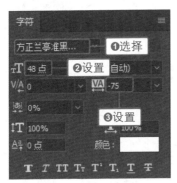

图 10-5

步骤 07 继续使用"横排文字工具"结合"字符"面板，在图像中输入更多文字，并绘制矩形，突出部分文字内容，如图 10-7 所示。

步骤 04 输入完成后按〈Esc〉键退出文字编辑状态，在"图层"面板中得到相应的文字图层，将其"不透明度"设置为 50%，如图 10-4 所示。

图 10-4

步骤 06 将鼠标移到已输入的英文文字下方，单击并输入中文文字，如图 10-6 所示，输入后单击工具箱中任意工具，退出文字编辑状态。

图 10-6

图 10-7

10.1.2　直排文字工具

　　"直排文字工具"用于在画面中创建垂直排列的文字。"直排文字工具"的使用方法与"横排文字工具"相同，选中该工具，在画面中需要输入文字的位置单击，然后输入文字内容即可。

素材文件	随书资源 \10\ 素材 \02.jpg	
最终文件	随书资源 \10\ 源文件 \ 直排文字工具 .psd	

步骤 01 打开素材文件 02.jpg，按住工具箱中的"横排文字工具"按钮 不放，在展开的工具组中选择"直排文字工具"，如图 10-8 所示。

图 10-8

步骤 03 将鼠标移到图像上方，单击后输入文字"煎茶"，如图 10-10 所示，输入完成后按〈Esc〉键退出文字编辑状态。

图 10-10

步骤 02 打开"字符"面板，❶选择字体为"方正古隶简体"，❷设置字体大小为 45 点，❸设置行距为 21 点，❹设置颜色为 R146、G0、B0，如图 10-9 所示。

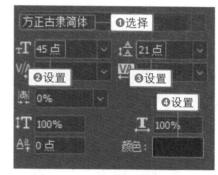

图 10-9

步骤 04 打开"字符"面板，❶设置字体大小为 16 点，❷行距为 26 点，❸颜色为白色，❹在画面中输入其他文字，如图 10-11 所示。

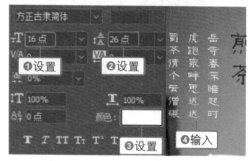

图 10-11

10.1.3　横排文字蒙版工具

　　使用"横排文字蒙版工具"可以在画面中创建横向排列的文字选区。在工具箱中按住"横排文字工具"按钮 不放，在展开的工具组中选择"横排文字蒙版工具"，然后在图像中单击，将会进入半透明的蒙版中，在蒙版中输入文字，退出蒙版后就能得到横排文字选区。

素材文件 随书资源\10\素材\03.jpg

最终文件 随书资源\10\源文件\横排文字蒙版工具.psd

步骤 01 打开素材文件 03.jpg，按住"横排文字工具"按钮 **T** 不放，在展开的工具组中选择"横排文字蒙版工具" **T**，如图 10-12 所示。

步骤 02 打开"字符"面板，❶选择字体为"方正综艺简体"，❷设置字体大小为 48 点，❸设置字距为 -100，❹设置颜色为白色，❺单击"仿斜体"按钮，如图 10-13 所示。

图 10-12

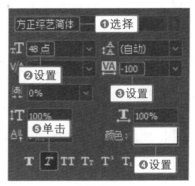

图 10-13

步骤 03 将鼠标移到画面上方，单击显示蒙版，在蒙版状态下输入英文文字，如图 10-14 所示。

步骤 04 单击工具箱中的"移动工具"按钮 ✛，退出蒙版编辑状态，得到相应的文字选区，如图 10-15 所示。

图 10-14

图 10-15

步骤 05 ❶设置前景色为 R156、G44、B54，背景色为 R212、G213、B214，❷在选择"渐变工具"栏中选择"前景色到背景色渐变"，❸单击"角度渐变"按钮 ，新建"图层 1"，❹在选区中拖动创建渐变，如图 10-16 所示。

步骤 06 双击"图层 1"图层缩览图，打开"图层样式"对话框，❶在左侧选择"投影"样式，在右侧设置选项，为文字添加投影，❷再使用"横排文字工具"在下方输入更多文字，如图 10-17 所示。

图 10-16   图 10-17

10.1.4　直排文字蒙版工具

使用"直排文字蒙版工具"可以在画面中创建纵向排列的文字选区。应用"直排文字蒙版工具"创建的文字选区显示在当前图层上，可以像任何其他选区一样进行移动、拷贝、填充操作。选择"直排文字蒙版工具"，在图像中单击并输入文字，输入完成后退出蒙版，将得到纵向排列的文字选区。

素材文件	随书资源 \10\ 素材 \04.jpg
最终文件	随书资源 \10\ 源文件 \ 直排文字蒙版工具 .psd

步骤 01 打开素材文件 04.jpg，按住"横排文字工具"按钮 **T** 不放，在展开的工具组中选择"直排文字蒙版工具" ，如图 10-18 所示。

步骤 02 ❶在选项栏中设置字体为"方正汉真广标简体"、字体大小为 60 点，❷在图像右侧输入文字，如图 10-19 所示。

图 10-18

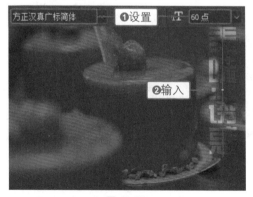

图 10-19

步骤 03 单击工具箱中的"移动工具"按钮 **✛**，退出蒙版编辑状态，得到文字选区，如图 10-20 所示。

步骤 04 ❶按快捷键〈Ctrl+J〉，复制选区中的图像，得到"图层 1"图层，❷设置该图层的混合模式为"叠加"，如图 10-21 所示。

图 10-20

图 10-21

步骤 05 双击"图层 1"图层缩览图，打开"图层样式"对话框，在左侧选择"描边"样式，设置"大小"为 6 像素、颜色为白色，如图 10-22 所示。

步骤 06 单击"确定"按钮，为文字添加白色描边。选择"直排文字工具"，在画面中单击并拖动鼠标，绘制文本框，再输入更多文字，如图 10-23 所示。

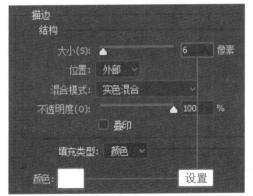

图 10-22

图 10-23

10.2 ｜ 文字的基础设置

　　应用"横排 / 直排文字工具"在图像中输入文字后，可以对文字的排列方向、字体、大小、颜色及对齐方式进行调整，这些调整大多可以在"字符"和"段落"面板中完成。

10.2.1　更改文字排列方向

　　文字排列的方向决定了文字行相对于图像窗口或文本框的方向。当文字的方向为垂直时，文字上下排列；当文字的方向为水平时，文字左右排列。单击文字工具选项栏中的"切换文本取向"按钮■或执行"文字→文本排列方向"菜单命令，即可更改文字的排列方向。

素材文件	随书资源 \10\ 素材 \05.psd
最终文件	随书资源 \10\ 源文件 \ 更改文字排列方向 .psd

步骤 01 打开素材文件 05.psd，可以看到图像中输入的文字为横向排列效果，如图 10-24 所示。

步骤 02 选中需要更改文字排列方向的文字图层，执行"文字→文本排列方向→竖排"菜单命令，即可将横排文字更改为竖排效果，如图 10-25 所示。

图 10-24

图 10-25

10.2.2　调整文字字体和大小

　　文字作为一种视觉形象要素，不同的字体和大小会带来不同的视觉感受。在图像中输入文字后，可以应用文字工具选项栏或"字符"面板中的"字体系列"和"字体大小"下拉列表框更改选中文字的字体和大小，调整出适合页面排版需要的文字效果。

素材文件	随书资源 \10\ 素材 \06.psd
最终文件	随书资源 \10\ 源文件 \ 调整文字字体和大小 .psd

步骤 01 打开素材文件 06.psd，打开"图层"面板，在面板中单击选中需要更改字体的文字图层，如图 10-26 所示。

步骤 02 执行"窗口→字符"菜单命令，在打开的"字符"面板中设置字体为"汉仪立黑简"、字体大小为 72 点，其他参数不变，如图 10-27 所示。

图 10-26

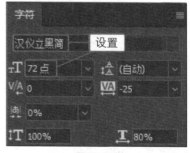

图 10-27

步骤 03 在图像窗口中查看更改后的文字效果，如图 10-28 所示。

图 10-28

10.2.3 更改文字颜色

使用"横排文字工具"或"直排文字工具"在图像中输入文字时，文字以设置的前景色显示。用户可以根据需要，更改整个文字图层中的文字的颜色，也可以选中其中一部分文字，更改其颜色。要更改文字颜色，可以在选项栏或"字符"面板中单击颜色块，打开"拾色器（文本颜色）"对话框，在对话框中设置新的颜色。

| 素材文件 | 随书资源 \10\ 素材 \07.psd |
| 最终文件 | 随书资源 \10\ 源文件 \ 更改文字颜色 .psd |

步骤 01 打开素材文件 07.psd，单击工具箱中的"横排文字工具"按钮 **T**，如图 10-29 所示。

步骤 02 将鼠标移到文字"特"上方，单击并拖动鼠标，选中文字，使其反相显示，如图 10-30 所示。

图 10-29

图 10-30

步骤 03 执行"窗口→字符"菜单命令，打开"字符"面板，单击面板中的"设置文本颜色"色块，如图 10-31 所示。

步骤 04 打开"拾色器（文本颜色）"对话框，❶输入颜色值为 R225、G34、B66，❷单击"确定"按钮，如图 10-32 所示。

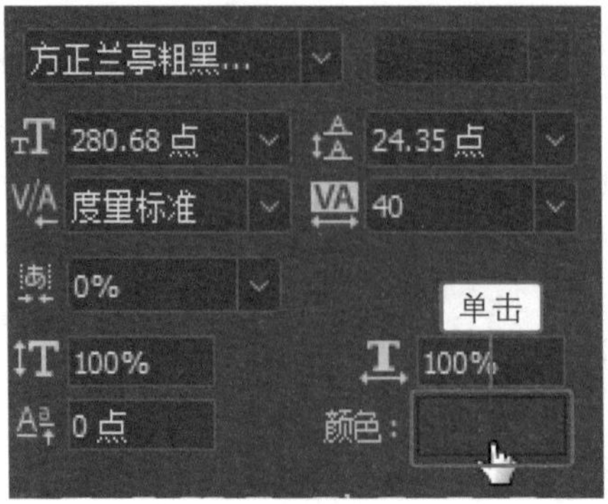

图 10-31

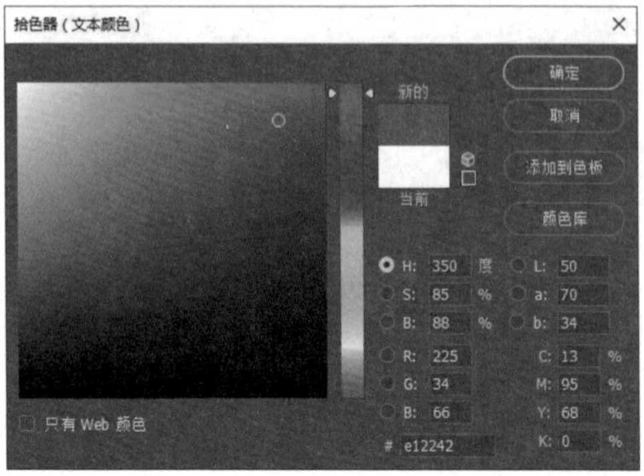

图 10-32

步骤 05 单击工具箱中的任意工具，退出文字编辑状态，查看更改文字颜色的效果，如图 10-33 所示。

步骤 06 继续应用“横排文字工具”选中其他部分文字，将其颜色更改成相同的红色，如图 10-34 所示。

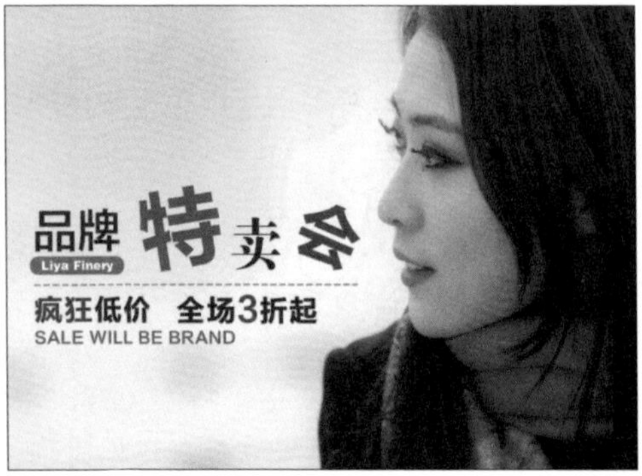

图 10-33

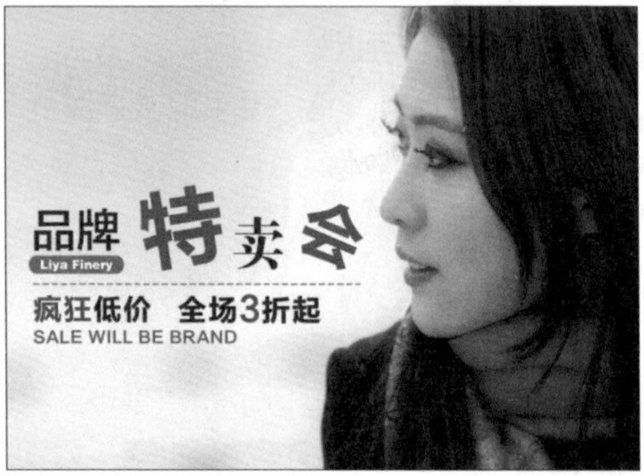

图 10-34

10.2.4 文字的缩放

应用“字符”面板中的“水平缩放”和“垂直缩放”选项可以在水平和垂直两个方向缩放文字。文字的原始缩放比例为 100%，用户可以根据设计需要，在数值框中输入新的数值来改变文字的高度和宽度，从而改变文字的视觉效果。

素材文件 随书资源 \10\ 素材 \08.psd
最终文件 随书资源 \10\ 源文件 \ 文字的缩放 .psd

步骤 01 打开素材文件 08.psd，在“图层”面板中单击选中需要缩放的文字图层，如图 10-35 所示。

步骤 02 打开“字符”面板，在“垂直缩放”数值框中输入数值 115%，如图 10-36 所示。

步骤 03 对文字“香酥易剥”进行缩放处理后的效果如图 10-37所示。

图 10-35

图 10-36

图 10-37

10.2.5　应用特殊的文字样式

在"字符"面板中有一组特殊的字体样式按钮，包括"仿粗体""仿斜体""全部大写字母""小型大写字母"等。输入文字后，只需要单击对应的按钮，就可以将该样式应用于文字，创建特殊的文字效果。如果需要取消已经应用于文字的样式，单击相应的按钮，取消按钮的选中状态即可。

素材文件	随书资源 \10\ 素材 \09.psd
最终文件	随书资源 \10\ 源文件 \ 应用特殊的文字样式 .psd

步骤 01 打开素材文件 09.psd，在图像窗口中显示打开的图像效果，如图 10-38 所示。

步骤 02 选择工具箱中的"横排文字工具"，在文字"歪"上单击并拖动，选中文字，如图 10-39 所示。

图 10-38

图 10-39

步骤 03 打开"字符"面板，依次单击下方的"仿粗体"按钮 **T** 和"仿斜体"按钮 **T**，如图 10-40 所示。

步骤 04 退出文字编辑状态，查看将选中的文字设置为加粗、倾斜的效果，如图 10-41 所示。

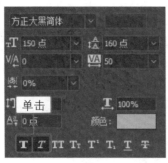

图 10-40

图 10-41

10.2.6　创建和编辑段落文本

在 Photoshop 中，可以应用"横排文字工具"和"直排文字工具"创建段落文本。选择"横排文字工具"或"直排文字工具"，在图像中单击并拖动鼠标，绘制文本框，在文本框中输入文字即可创建段落文本。创建段落文本后，可以使用"段落"面板调整段落文本的对齐方式、缩进效果等。

素材文件	随书资源 \10\ 素材 \10.jpg、11.png
最终文件	随书资源 \10\ 源文件 \ 创建和编辑段落文本 .psd

步骤 01 打开素材文件 10.jpg，选择"横排文字工具"，在图像中单击并拖动鼠标，绘制文本框，如图 10-42 所示。

步骤 02 在文本框中单击，放置插入点，然后输入文字，创建段落文本，在"图层"面板中生成文字图层，如图 10-43 所示。

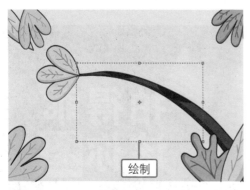

图 10-42

图 10-43

步骤 03 打开"段落"面板，单击"居中对齐文本"按钮，将文本框中的段落文本更改为居中对齐效果，如图 10-44 所示。

步骤 04 选中"横排文字工具"，在段落文本中单击并拖动鼠标，选中部分文本，如图 10-45 所示。

图 10-44

图 10-45

步骤 05 ❶单击"段落"面板中的"左对齐文本"按钮 ▤，将选中的文本更改为左对齐效果，❷输入"首行缩进"值为 20 点，如图 10-46 所示。

步骤 06 ❶执行"文件→置入嵌入的智能对象"菜单命令，置入 11.png 图像，❷然后选中文本框，按快捷键〈Ctrl+T〉，旋转文本框，如图 10-477 所示。

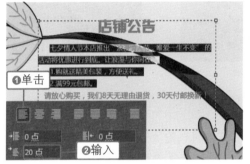

图 10-46

图 10-47

提示　在图像中输入文字后，执行"窗口→属性"菜单命令，打开"属性"面板，在面板中即显示当前文字图层中的文字属性，并且可以对文字的一些基础属性加以调整。如果需要设置更多文字属性，可以单击面板下方的"高级"按钮，打开"字符"面板进行设置。

10.3 | 文字的艺术化处理

应用文字工具在图像中创建文字后，还可以对文字的外观做艺术化处理，例如，可以设置文字变形效果、创建路径文字、将文字转换为路径或图形等。通过对文字进行艺术化处理，能够让简单的文字呈现出多样化的效果。

10.3.1 设置文字变形效果

利用"横排/直排文字工具"在图像中输入文字后，单击选项栏中的"创建文字变形"按钮 ⬛ 或执行"文字→文字变形"菜单命令，打开"变形文字"对话框，选择扇形、拱形、波浪等样式，可以创建特殊的文字效果。

素材文件	随书资源 \10\ 素材 \12.jpg
最终文件	随书资源 \10\ 源文件 \ 设置文字变形效果 .psd

步骤 01 打开素材文件 12.jpg，使用"横排文字工具"在图像中输入文字，如图 10-48 所示。

步骤 02 单击选项栏中的"创建文字变形"按钮，❶在打开的对话框中选择"凸起"样式，❷输入"弯曲"为 +35，如图 10-49 所示。

步骤 03 单击"确定"按钮，返回图像窗口，查看应用"凸起"样式后的文字变形效果，如图 10-50 所示。

图 10-48

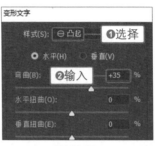

图 10-49

图 10-50

10.3.2　沿路径排列文字

在 Photoshop 中，文字可以沿着用钢笔或形状工具创建的工作路径的边缘排列。在路径上输入横排文字会导致文字与基线垂直，在路径上输入直排文字会导致文字与基线平行。当在闭合路径内输入文字时，文字始终横向排列，到达闭合路径的边界时，文字自动进行换行。

素材文件	随书资源 \10\ 素材 \13.jpg
最终文件	随书资源 \10\ 源文件 \ 沿路径排列文字 .psd

步骤 01 打开素材文件 13.jpg，选择"钢笔工具"，在选项栏中选择"路径"工具模式，在画面中绘制路径，如图 10-51 所示。

步骤 02 选择"横排文字工具"，打开"字符"面板，❶设置字体为"方正静蕾简体"，❷字距为 -25，❸颜色为黑色，❹单击"仿粗体"按钮，如图 10-52 所示。

图 10-51

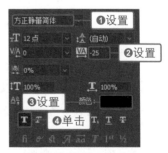

图 10-52

步骤 03 将鼠标移到路径上方，当鼠标指针变为 形时，单击并输入文字，可看到文字沿路径形状排列，如图 10-53 所示。

步骤 04 ❶单击"路径选择工具"按钮 ，❷将鼠标移到路径文本终点位置，当鼠标指针变为 形时，单击并向右拖动，更改路径文本终点，如图 10-54 所示。

图 10-53

图 10-54

步骤 05 打开"路径"面板，❶单击"创建新路径"按钮 ，新建"路径 2"，❷使用"钢笔工具"再绘制一条曲线路径，如图 10-55 所示。

步骤 06 使用"横排文字工具"在路径中单击并输入文字，并在"字符"面板中更改文字颜色。使用同样的方法创建更多路径文字，如图 10-56 所示。

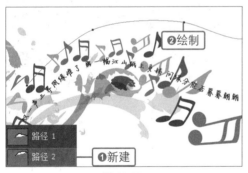

图 10-55

图 10-56

10.3.3　将文字转换为路径

应用"创建工作路径"命令可以将文字字符转换为工作路径，并以临时路径的方式显示在"路径"面板中。将文字转换为工作路径之后，可以像处理任何其他路径一样对该路径进行编辑和存储操作，但是无法以文本形式编辑路径中的字符。

| 素材文件 | 随书资源 \10\ 素材 \14.jpg |
| 最终文件 | 随书资源 \10\ 源文件 \ 将文字转换为路径 .psd |

步骤 01 打开素材文件 14.jpg，选择"横排文字工具"，在图像右侧输入文字"温暖上市"，如图 10-57 所示。

步骤 02 输入文字后，执行"文字→创建工作路径"菜单命令，沿文字边缘形状创建工作路径，效果如图 10-58 所示。

图 10-57

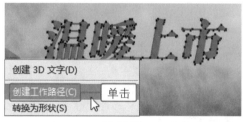

图 10-58

步骤 03 隐藏文字图层，打开"路径"面板，在面板中显示路径缩览图，选择"直接选择工具"，单击选中路径上的锚点，如图 10-59 所示。

步骤 04 按〈Delete〉键，删除选中的路径锚点，将封闭的路径转换为开放的路径，如图 10-60 所示。

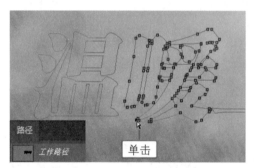

图 10-59

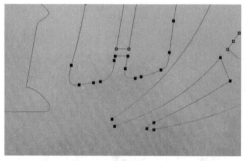

图 10-60

步骤 05 选择"钢笔工具"，❶将鼠标移到开放路径一端的锚点上，单击激活锚点，❷在另一位置单击并拖动鼠标，绘制曲线路径，如图 10-61 所示。

步骤 06 继续使用"钢笔工具"绘制出不同形状的封闭路径，然后选中"上"和"市"两个工作路径，调整位置，得到如图 10-62 所示的路径效果。

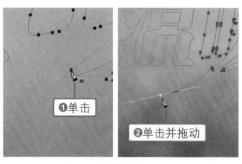

图 10-61

图 10-62

步骤 07 按快捷键〈Ctrl+Enter〉，将路径转换为选区，❶设置前景色为 R240、G55、B118，❷新建"图层 1"图层，❸按快捷键〈Alt+Delete〉填充颜色，如图 10-63 所示。

图 10-63

步骤 08 使用"横排文字工具"在变形的文字旁边输入更多的文字，并应用"矩形工具"在文字下方绘制图形，完善画面效果，如图 10-64 所示。

图 10-64

10.3.4　将文字转换为图形

应用"转换为形状"命令可以将文字字符转换为矢量图形。将文字转换为图形后，文字图层被替换为具有矢量蒙版的图层，用户可以编辑矢量蒙版并对图层应用样式，还可以使用路径编辑工具编辑矢量图形的形状。

| 素材文件 | 随书资源 \10\ 素材 \15.jpg |
| 最终文件 | 随书资源 \10\ 源文件 \ 将文字转换为图形 .psd |

步骤 01 打开素材文件 15.jpg，运用"裁剪工具"裁剪图像并扩展画布，然后在图像上方绘制一个矩形图形，如图 10-65 所示。

图 10-65

步骤 02 选择"横排文字工具"，打开"字符"面板，❶设置字体为"方正美黑简体"，❷大小为 95 点，❸字符间距为 -340，❹在适当位置输入文字"年中大促"，如图 10-66 所示。

图 10-66

步骤 03 按〈Esc〉键退出文字编辑状态，执行"文字→转换为形状"菜单命令，将文字转换为图形，如图 10-67 所示。

步骤 04 选择工具箱中的"转换点工具"，将鼠标移到文字"年"上方，显示路径锚点，然后单击锚点，转换锚点类型，如图 10-68 所示。

图 10-67

图 10-68

步骤 05 继续单击转换更多锚点的类型。选择"直接选择工具"，单击选中转换后的锚点，拖动调整其位置，更改文字笔画的形状，如图 10-69 所示。

步骤 06 继续结合路径编辑工具，调整其他文字图形的锚点和路径线段，更改文字形状，按快捷键〈Ctrl+J〉，复制图层，如图 10-70 所示。

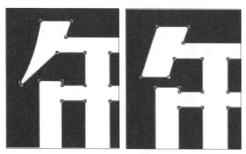

图 10-69

图 10-70

步骤 07 双击"年中大促 拷贝"形状图层缩览图，打开"拾色器（纯色）"对话框，❶设置颜色为黑色，❷单击"确定"按钮，如图 10-71 所示，更改图形填充颜色。

步骤 08 为"年中大促 拷贝"形状图层添加蒙版，使用黑色的画笔在文字图形上涂抹，隐藏部分黑色的文字，如图 10-72 所示。

图 10-71

图 10-72

步骤 09 结合"横排文字工具"和"字符"面板在画面中输入更多文字，再为文字图层添加合适的投影图层样式，得到更有立体感的画面效果，如图 10-73 所示。

图 10-73

实例演练——添加文字，制作活动宣传海报

文字能够直观展示画面的主题，并准确地向观者传达出各类相关信息。在本实例中，将学习制作一个活动宣传海报。先使用"钢笔工具"在背景中绘制图形，并将与主题相关的食物素材图像添加到画面中间位置，使用"横排文字工具"在图像中输入文字，结合"字符"面板调整文字的字体、大小等属性，然后将标题文字转换为矢量图形，应用路径编辑工具编辑图形，获得更有创意的文字效果，如图 10-74 所示。

素材文件	随书资源 \10\ 素材 \16.jpg、17.png
最终文件	随书资源 \10\ 源文件 \ 添加文字，制作活动宣传海报 .psd

图 10-74

步骤 01 打开素材文件 16.jpg，选择"钢笔工具"，❶在选项栏中选择"形状"工具模式，❷单击"填充"色块，❸设置填充渐变颜色，如图 10-75 所示。

图 10-75

213

步骤 02 将鼠标移到素材图像下方，单击并拖动鼠标，绘制图形，并应用设置的颜色填充绘制的图形，如图 10-76 所示。

步骤 03 打开素材文件 17.png，选择"移动工具"，将其中的食物图像拖动到 16.jpg 的窗口中，得到"图层 1"图层，如图 10-77 所示。

图 10-76

图 10-77

步骤 04 双击"图层 1"图层缩览图，打开"图层样式"对话框，在左侧选择"投影"样式，❶在右侧输入"角度"为 103，❷"距离"为 10，❸"大小"为 10，如图 10-78 所示。

步骤 05 单击"确定"按钮，在图像窗口中查看为食物图像添加投影后的效果，如图 10-79 所示。

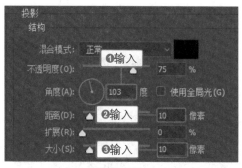

图 10-78

图 10-79

步骤 06 ❶单击"图层"面板底部的"创建新组"按钮，新建图层组，❷双击图层组名，输入新的组名"文字"，如图 10-80 所示。

步骤 07 打开"字符"面板，❶设置字体为"方正黑体简体"，❷大小为 14 点，❸字符间距为 600，❹颜色为白色，如图 10-81 所示。

步骤 08 选择"横排文字工具"，在图像顶部单击并输入文字"带上家乡的好味道，一起来参战！"，再单击工具箱中的任意工具，退出文字编辑状态，如图 10-82 所示。

图 10-80

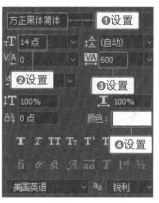

图 10-81

图 10-82

步骤 09 ❶打开"字符"面板，设置字体为"方正综艺简体"，❷字体大小为 58 点，❸行距为 58 点，❹字距为 -75，❺垂直缩放为 95%，如图 10-83 所示。

步骤 10 选择"横排文字工具"，在已输入的文字下方单击并输入新文字"城市味播战"，按〈Enter〉键，在下一行输入文字"霸气开战"，如图 10-84 所示。

步骤 11 用鼠标拖动选中文字"霸气开战"，如图 10-85 所示。

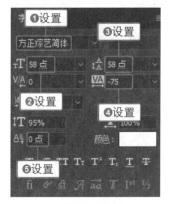

图 10-83

图 10-84

图 10-85

步骤 12 打开"字符"面板，将字体大小更改为 72 点，使选中的文字变得更大一些，如图 10-86 所示。

步骤 13 单击工具箱中的任意工具，退出文字编辑状态，执行"文字→转换为形状"菜单命令，将文字转换为图形，如图 10-87 所示。

步骤 14 ❶按住"钢笔工具"按钮不放，在工具组中选择"删除锚点工具"，❷将鼠标移到要删除的锚点上，如图 10-88 所示。

图 10-86

图 10-87

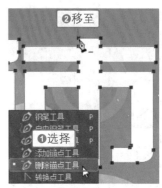

图 10-88

步骤 15 单击删除该锚点，继续使用"删除锚点工具"删除文字图形上的更多锚点，简化图形，如图 10-89 所示。

步骤 16 选择工具箱中的"转换点工具"，将鼠标移到需要转换的锚点上，当鼠标指针变为 ⅄ 形时，单击转换路径锚点，如图 10-90 所示。

图 10-89

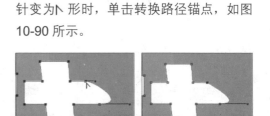

图 10-90

步骤 17 继续使用"转换点工具"转换路径上的更多锚点，再使用"直接选择工具"分别选中锚点，单击并拖动锚点，更改其位置，变换图形效果，如图 10-91 所示。

步骤 18 ❶选择"椭圆工具"，在缺失的文字部分单击并拖动鼠标，绘制白色的圆形，❷然后按住〈Ctrl〉键不放，单击选中文字图形及上方的形状图层，按快捷键〈Ctrl+Alt+E〉，盖印图层，如图 10-92 所示。

图 10-91

图 10-92

步骤 19 双击盖印后的图层缩览图，打开"图层样式"对话框，在左侧选择"投影"样式，❶在右侧更改投影颜色，❷输入"不透明度"为 100，❸"角度"为 119，❹"距离"为 10，其他参数不变，如图 10-93 所示。

步骤 20 单击"确定"按钮，返回图像窗口，可以看到为变形后的文字添加了逼真的投影效果，如图 10-94 所示。

步骤 21 结合"横排文字工具"和"字符"面板，在画面中输入更多文字，选中底部的段落文字，打开"段落"面板，单击面板中的"居中对齐文本"按钮■，更改文字对齐方式，如图 10-95 所示。

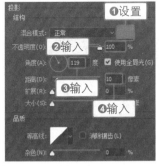

图 10-93

图 10-94

图 10-95

第 11 章　滤镜的应用

Photoshop 中的滤镜是一组预先定义的程序算法，可对图像中像素的颜色、亮度、饱和度、对比度、色调等属性进行计算和变换处理，产生特殊的图像效果。滤镜按照功能、效果分类放置在"滤镜"菜单中，使用时只需从"滤镜"菜单中选取相应的滤镜命令即可。本章将详细介绍一些常用滤镜的使用方法。

11.1　独立滤镜的使用

Photoshop 的"滤镜"菜单中有 6 个独立的滤镜命令，分别为"滤镜库""自适应广角""Camera Raw 滤镜""镜头校正""液化""消失点"。使用这些独立的滤镜可以对图像进行艺术化处理、扭曲和变形等。

11.1.1　"滤镜库"滤镜

滤镜库提供了 6 种类型的滤镜。在编辑图像的过程中，可以通过"滤镜库"对话框选择滤镜并设置选项，并且可以通过添加或删除效果图层的方式，实现多种滤镜的叠加，还能通过左侧的预览框即时查看图像效果。本小节先通过实例介绍"滤镜库"对话框的基本使用方法，其中的几款常用滤镜在 11.2 节中做具体介绍。

素材文件	随书资源 \11\ 素材 \01.jpg
最终文件	随书资源 \11\ 源文件 \ "滤镜库"滤镜 .psd

步骤 01 打开素材文件 01.jpg，复制"背景"图层，得到"背景 拷贝"图层，如图 11-1 所示。

图 11-1

步骤 02 执行"滤镜→滤镜库"菜单命令，打开"滤镜库"对话框，❶ 单击"艺术效果"滤镜组下的"海报边缘"滤镜，❷ 设置滤镜选项，如图 11-2 所示。

图 11-2

步骤 03 ❶单击对话框右下角的"新建效果图层"按钮▦，❷新建"海报边缘"效果图层，如图 11-3 所示。

图 11-3

步骤 04 ❶单击"素描"滤镜组下的"绘图笔"滤镜，❷在右侧设置滤镜选项，如图 11-4 所示。

图 11-4

步骤 05 至此完成所有滤镜的设置，单击"滤镜库"对话框中的"确定"按钮，在图像窗口中查看应用滤镜处理后的图像，效果如图 11-5 所示。

提示　在"滤镜库"中添加多个滤镜效果后，选中添加的滤镜效果图层，单击"删除效果图层"按钮，即可删除该滤镜效果图层。

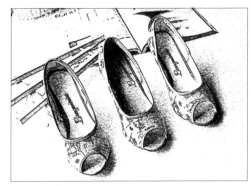

图 11-5

11.1.2 "自适应广角"滤镜

"自适应广角"滤镜可以检测相机和镜头型号，并根据镜头特性快速拉直在全景图或采用鱼眼镜头和广角镜头拍摄的照片中看起来弯曲的线条。

素材文件	随书资源 \11\ 素材 \02.jpg
最终文件	随书资源 \11\ 源文件 \ "自适应广角"滤镜 .psd

步骤 01 打开素材文件 02.jpg，复制"背景"图层，得到"背景 拷贝"图层，如图 11-6 所示。

图 11-6

步骤 02 执行"滤镜→自适应广角"菜单命令，打开"自适应广角"对话框，在右侧选择"鱼眼"校正方法，如图 11-7 所示。

图 11-7

步骤 04 继续使用"约束工具"在画面中绘制更多弧线，约束并校正变形的图像。选中水平位置的约束线条，将鼠标移到圆形一侧的控制点位置，当鼠标指针变为↰形时，单击并拖动鼠标，如图 11-9 所示，校正倾斜的图像。

图 11-9

步骤 06 执行"图像→调整→阴影 / 高光"菜单命令，❶在打开的对话框中输入阴影"数量"为 25，❷单击"确定"按钮，提亮阴影部分，如图 11-11 所示。

步骤 03 在左侧工具栏中选择"约束工具"，在弯曲的桥梁两端依次单击，绘制一条直线，然后将鼠标移到直线中间的控制点位置，单击并向上拖动，使线条弧度与桥梁弯曲度一致，如图 11-8 所示。

图 11-8

步骤 05 在右侧的选项组中设置"缩放"值为 135，缩放图像，如图 11-10 所示，单击"确定"按钮，确认设置。

图 11-10

图 11-11

11.1.3　Camera Raw 滤镜

在 Photoshop CC 之后的版本中，Adobe Camera Raw 也可作为滤镜使用，从而可以对非 RAW 格式的图片进行处理，具体方法为：打开图像后执行"滤镜→ Camera Raw 滤镜"菜单命令，即可打开 Camera Raw 对话框。

素材文件	随书资源 \11\ 素材 \03.jpg
最终文件	随书资源 \11\ 源文件 \Camera Raw 滤镜 .psd

步骤 01　在 Photoshop 中打开素材文件 03.jpg，按快捷键〈Ctrl+J〉，复制图像，得到"图层 1"图层，如图 11-12 所示。

步骤 02　执行"滤镜→ Camera Raw 滤镜"菜单命令，打开 Camera Raw 滤镜对话框，如图 11-13 所示。

图 11-12

图 11-13

步骤 03　❶单击"Auto"按钮，利用 AI 分析图像并选择合适的设置自动调整图像，❷单击"B&W"按钮，将图像转换为黑白效果，如图 11-14 所示。

步骤 04　展开"曲线"选项卡，❶单击"绿色通道"按钮，❷单击并拖动曲线，调整绿色通道的亮度，❸单击"蓝色通道"按钮，❹单击并拖动曲线点，调整红色通道的亮度，如图 11-15 所示。

图 11-14

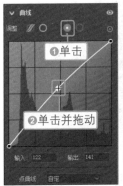

图 11-15

步骤 05 展开"效果"选项卡，设置"纹理"为 +20、"颗粒"为 35，设置完成后单击"确定"按钮，应用滤镜处理图像，得到图 11-16 所示的画面效果。

图 11-16

11.1.4 "镜头校正"滤镜

"镜头校正"滤镜可修复常见的由镜头造成的瑕疵，如桶形和枕形失真、晕影和色差，或校正由相机的垂直或水平倾斜导致的图像透视问题，还可以用来旋转图像。"镜头校正"滤镜在 RGB 或灰度模式下只能用于 8 位 / 通道和 16 位 / 通道的图像。执行"滤镜→镜头校正"菜单命令，打开"镜头校正"对话框，在对话框中可以分别选择"自动校正"或"自定"两种方式完成修复工作。

素材文件	随书资源 \11\ 素材 \04.jpg
最终文件	随书资源 \11\ 源文件 \ "镜头校正"滤镜 .psd

步骤 01 打开素材文件 04.jpg，在图像窗口中查看打开的图像效果，如图 11-17 所示。

步骤 02 执行"滤镜→镜头校正"菜单命令，打开"镜头校正"对话框，如图 11-18 所示。

图 11-17

图 11-18

步骤 03 ❶单击"自定"标签，切换到"自定"选项卡，❷在"晕影"选项组中输入"数量"为 -100、"中点"为 +65，为图像添加晕影，如图 11-19 所示。

步骤 04 单击"确定"按钮确认设置。新建"曲线 1"调整图层，在打开的"属性"面板中单击并向上拖动曲线，提亮图像，如图 11-20 所示。

图 11-19

图 11-20

步骤 05 选择"矩形选框工具"，❶在选项栏中设置"羽化"值为 300 像素，❷在图像中绘制椭圆形选区，再按快捷键〈Ctrl+Shift+I〉反选选区，如图 11-21 所示。

步骤 06 单击"曲线 1"蒙版缩览图，设置前景色为黑色，按快捷键〈Alt+Delete〉三次，将选区填充为黑色，还原选区内的图像亮度，如图 11-22 所示。

图 11-21

图 11-22

11.1.5 "液化"滤镜

　　"液化"滤镜是修饰图像和创建艺术效果的强大工具，它可以推、拉、旋转、反射、折叠和膨胀图像的任意区域。"液化"滤镜可以应用于 8 位 / 通道图像或 16 位 / 通道图像。执行"滤镜→液化"菜单命令，打开"液化"对话框，在对话框中选择左侧工具栏中的工具，在图像上涂抹，就能扭曲、收缩图像等。

素材文件	随书资源 \11\ 素材 \05.jpg
最终文件	随书资源 \11\ 源文件 \ "液化"滤镜 .psd

步骤 01 打开素材文件 05.jpg，复制"背景"图层，得到"背景 拷贝"图层，如图 11-23 所示。

步骤 02 执行"滤镜→液化"菜单命令，打开"液化"对话框，❶单击"褶皱工具"按钮，❷输入"大小"为 500，❸涂抹人物腰部位置，如图 11-24 所示。

图 11-23

图 11-24

步骤 03 ❶单击工具栏中的"向前变形工具"按钮 ❷在右侧输入"大小"为 100，其他参数不变，❸涂抹腰部，修饰腰部曲线，如图 11-25 所示。

步骤 04 ❶单击工具栏中的"膨胀工具"按钮 ❷在右侧输入"大小"为 300，❸在胸部位置涂抹，如图 11-26 所示。

图 11-25

图 11-26

步骤 05 继续应用"液化"对话框中的工具修饰人物的身材曲线，完成后单击"确定"按钮。新建"选取颜色 1"调整图层，在打开的"属性"面板中输入颜色比为 -50、+30、+30、0，调整图像，增强颜色效果，如图 11-27 所示。

图 11-27

11.1.6 "消失点"滤镜

使用"消失点"滤镜可以在创建的平面中进行图像的复制、粘贴等操作，并按照透视比例和角度自动计算，对复制、粘贴到平面中的图像自动应用最佳的透视原理。执行"滤镜→消失点"菜单命令，打开"消失点"对话框，在对话框左侧选择工具，在对话框右侧应用工具对图像进行编辑。

素材文件	随书资源 \11\ 素材 \06.jpg、07.jpg
最终文件	随书资源 \11\ 源文件 \ "消失点" 滤镜 .psd

步骤 01 打开素材文件 06.jpg，按快捷键〈Ctrl+ A〉，全选图像，再按快捷键〈Ctrl+C〉，复制选区中的图像，如图 11-28 所示。

步骤 02 打开素材文件 07.jpg，复制"背景"图层，得到"背景 拷贝"图层，如图 11-29 所示。

图 11-28

图 11-29

步骤 03 执行"滤镜→消失点"菜单命令，打开"消失点"对话框，在对话框中应用"创建平面工具"在画框位置连续单击，创建平面网格，如图 11-30 所示。

步骤 04 ❶ 单击工具栏中的"选框工具"按钮，❷ 将鼠标移至创建的平面上双击，将平面转换为选区，如图 11-31 所示。

图 11-30

图 11-31

步骤 05 按快捷键〈Ctrl+V〉，粘贴图像，❶ 单击工具栏中的"变换工具"按钮，❷ 将鼠标移到图像右下角，当鼠标指针变为形时，按住〈Shift〉键单击并拖动，缩放图像，如图 11-32 所示。

步骤 06 继续缩放图像，当缩放到与画框相似的大小时，释放鼠标，然后将缩放后的图像移到画框中间，如图 11-33 所示，单击对话框右上角的"确定"按钮，应用滤镜效果。

225

图 11-32

图 11-33

11.1.7　Neural Filters 滤镜

　　Neural Filters 滤镜又称神经网络滤镜，它集合了智能肖像、皮肤平滑、超级缩放、着色和风景混合等一系列 AI 功能的滤镜库。Neural Filters 滤镜依靠强大的云端 Ai 神经网络，使用由 Adobe Sensei 提供支持的机器学习功能，把复杂的操作简单化，如一键人像磨皮、改变人物面部表情、转换图像风格等。

素材文件	随书资源 \11\ 素材 \08.png
最终文件	随书资源 \11\ 源文件 \Neural Filters 滤镜 .psd

步骤 01 打开素材文件 08.jpg，打开"图层"面板，按快捷键〈Ctrl+J〉，复制"背景"图层，得到"图层 1"图层，如图 11-34 所示。

步骤 02 执行"滤镜 → Neural Filters"菜单命令，打开 Neural Filters，如图 11-35 所示。

图 11-34

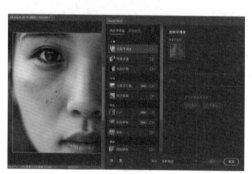

图 11-35

步骤 03 ❶单击"皮肤平滑度"右侧的按钮，启用"皮肤平滑度"滤镜，❷向右拖动"模糊"和"平滑度"滑块，设置"模糊度"为 100，"平滑度"为 +40，如图 11-36 所示。

步骤 04 设置完成后单击"确定"按钮，应用滤镜处理图像，按快捷键〈Ctrl+Shift+Alt+E〉，盖印图层，如图 11-37 所示。

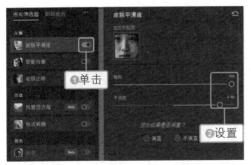

图 11-36

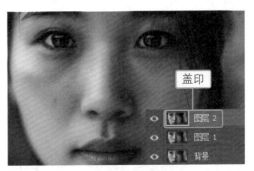

图 11-37

步骤 05 选择"污点修复画笔工具",在较明显的斑点瑕疵位置单击,修复面部皮肤瑕疵,如图 11-38 所示。

图 11-38

11.2 滤镜库中的滤镜

前面介绍了"滤镜库"对话框的基本使用方法,本节通过实例介绍该对话框中滤镜的效果。"滤镜库"对话框共提供 6 组滤镜,包括"风格化""画笔描边""扭曲""素描""纹理""艺术效果"。下面介绍其中的"画笔描边""扭曲""素描""纹理""艺术效果"这 5 组滤镜。

11.2.1 "画笔描边"滤镜组

"画笔描边"滤镜组主要使用不同的画笔和油墨进行描边,模拟自然的绘画效果,并且可以为图像添加颗粒、绘画、杂色、边缘细节或纹理。

素材文件	随书资源 \11\ 素材 \09.jpg
最终文件	随书资源 \11\ 源文件 \ "画笔描边" 滤镜组 .psd

步骤 01 打开素材文件 09.jpg,打开"图层"面板,复制"背景"图层,得到"背景 拷贝"图层,如图 11-39 所示。

步骤 02 执行"滤镜→滤镜库"菜单命令,打开"滤镜库"对话框,❶单击"画笔描边"滤镜组中的"烟灰墨"滤镜,❷设置滤镜选项,如图 11-40 所示。

图 11-39

图 11-40

步骤 03 设置后在"滤镜库"对话框左侧可以看到模拟用蘸满油墨的画笔在宣纸上绘画的效果，如图 11-41 所示。

步骤 04 ❶单击滤镜列表底部的"新建效果图层"按钮回，❷新建一个相同的"烟灰墨"滤镜效果图层，如图 11-42 所示。

图 11-41

图 11-42

提示

应用智能滤镜处理图像，可以将滤镜选项存储下来，用户可以根据需要随时调整滤镜选项。执行"图层→智能对象→转换为智能对象"菜单命令，将图层转换为智能图层，再执行"滤镜"菜单中的滤镜命令，就可以对图层中的图像应用智能滤镜效果。

步骤 05 ❶单击"画笔描边"滤镜组中的"强化的边缘"滤镜，❷在右侧设置滤镜选项，如图 11-43 所示。

步骤 06 在"滤镜库"对话框左侧查看应用滤镜的效果，确认无误后单击"确定"按钮，如图 11-44 所示。

图 11-43

图 11-44

步骤 07 打开"调整"面板，❶单击"可选颜色"，新建"选取颜色1"调整图层，❷在打开的"属性"面板中输入颜色比为 -100、-25、+55、0，如图 11-45 所示。

步骤 08 ❶在"颜色"下拉列表框中选择"黄色"选项，❷输入颜色比为 -71、+17、+11、0，进一步调整图像颜色，效果如图 11-46 所示。

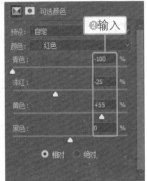

图 11-45

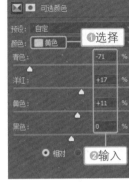

图 11-46

11.2.2 "扭曲"滤镜组

"扭曲"滤镜组包含"玻璃""海洋波纹""扩散亮光"3 个滤镜，可以对图像进行几何扭曲，创建 3D 或其他整形效果。

素材文件	随书资源 \11\ 素材 \10.jpg	
最终文件	随书资源 \11\ 源文件 \ "扭曲"滤镜组 .psd	

步骤 01 打开素材文件 10.jpg，使用"矩形选框工具"绘制选区，按快捷键〈Shift+F6〉，打开"羽化选区"对话框，❶输入"羽化半径"为 2，❷单击"确定"按钮，如图 11-47 所示，羽化选区。

步骤 02 按快捷键〈Ctrl+J〉，复制选区中的图像，在"图层"面板中生成"图层 1"图层，如图 11-48 所示。

图 11-47

图 11-48

步骤03 执行"滤镜→滤镜库"菜单命令，打开"滤镜库"对话框，❶单击"扭曲"滤镜组下的"海洋波纹"滤镜，❷设置滤镜选项，如图 11-49 所示。

步骤04 新建效果图层，❶单击"扭曲"滤镜组下的"玻璃"滤镜，❷设置滤镜选项，❸单击"确定"按钮，如图 11-50 所示。

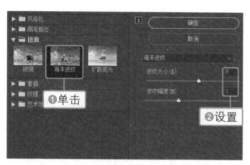

图 11-49

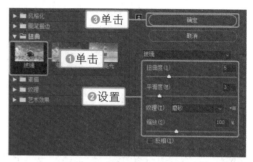

图 11-50

步骤05 应用滤镜后，加强了图像中的波纹效果。单击"图层"面板底部的"添加图层蒙版"按钮 ◉，为"图层 1"图层添加图层蒙版，如图 11-51 所示。

步骤06 设置前景色为黑色，选择"画笔工具"，❶设置"不透明度"为 40%，❷使用画笔涂抹岸边不需要扭曲的图像，如图 11-52 所示。

图 11-51

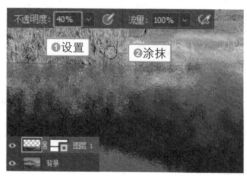

图 11-52

11.2.3 "素描"滤镜组

"素描"滤镜组中的滤镜可以表现出钢笔或木炭绘制的草图效果。使用"素描"滤镜组中的滤镜编辑图像时，图像的颜色受前景色和背景色的影响，前景色用于表示图像中的暗部区域，背景色用于表示图像中的亮部区域。

素材文件	随书资源 \11\ 素材 \11.jpg
最终文件	随书资源 \11\ 源文件 \ "素描" 滤镜组 .psd

步骤 01　在 Photoshop 中打开素材文件 11.psd，按快捷键〈Ctrl+J〉，复制图层，得到"图层 1"图层，如图 11-53 所示。

图 11-53

步骤 02　执行"滤镜→滤镜库"菜单命令，打开"滤镜库"对话框，❶单击"素描"滤镜组下的"图章"滤镜，❷设置滤镜选项，如图 11-54 所示。

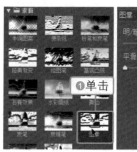

图 11-54

步骤 03　新建效果图层，❶单击"素描"滤镜组下的"半调图案"滤镜，❷设置滤镜选项，如图 11-55 所示，设置完成后单击"确定"按钮，应用滤镜。

图 11-55

步骤 04　单击"图层"面板底部的"创建新图层"按钮，❶创建"图层 2"图层，❷应用"画笔工具"在图像右下角绘制装饰图案，如图 11-56 所示。

图 11-56

11.2.4 "纹理"滤镜组

"纹理"滤镜组包含"龟裂缝""颗粒""马赛克拼贴""拼缀图""染色玻璃""纹理化"6个滤镜，可以模拟具有深度或质感的图像，制作出纹理效果。

| 素材文件 | 随书资源 \11\ 素材 \12.jpg |
| 最终文件 | 随书资源 \11\ 源文件 \ "纹理"滤镜组 .psd |

步骤 01　打开素材文件 12.jpg，选择"多边形套索工具"，❶在选项栏中设置"羽化"值为 2 像素，❷沿礼盒边缘绘制选区，如图 11-57 所示。

步骤 02　按快捷键〈Ctrl+J〉，复制选区中的图像，在"图层"面板中生成"图层 1"图层，如图 11-58 所示。

图 11-57

图 11-58

步骤 03 执行"滤镜→滤镜库"菜单命令，打开"滤镜库"对话框，单击"纹理"滤镜组下的"纹理化"滤镜，❶选择"砂岩"纹理，❷输入"缩放"为 136、"凸现"为 4，如图 11-59 所示。

步骤 04 单击"确定"按钮，返回图像窗口，可看到为礼盒图像添加了纹理效果，如图 11-60 所示。

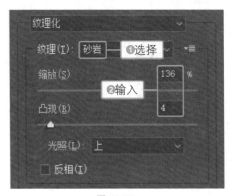

图 11-59

图 11-60

11.2.5 "艺术效果"滤镜组

"艺术效果"滤镜组包含"壁画""彩色铅笔""粗糙蜡笔""涂抹棒"等多个滤镜，可以模拟各种绘画风格，使普通图像变为具有艺术风格的画作效果。

素材文件	随书资源 \11\ 素材 \13.jpg
最终文件	随书资源 \11\ 源文件 \ "艺术效果" 滤镜组 .psd

步骤 01 打开素材文件 13.jpg，❶按快捷键〈Ctrl+J〉，复制得到"图层 1"图层，❷在"图层"面板中设置该图层的混合模式为"滤色"、"不透明度"为"80%"，如图 11-61 所示。

图 11-61

步骤 02 执行"滤镜→滤镜库"菜单命令，打开"滤镜库"对话框，❶单击"艺术效果"滤镜组下的"干画笔"滤镜，❷然后设置滤镜选项，如图 11-62 所示。

图 11-62

步骤 03 新建效果图层，❶单击"艺术效果"滤镜组下的"绘画涂抹"滤镜，❷然后设置滤镜选项，如图 11-63 所示。

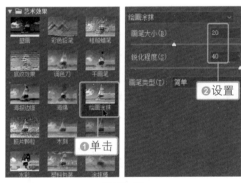

图 11-63

步骤 04 新建效果图层，❶单击"艺术效果"滤镜组下的"粗糙蜡笔"滤镜，❷然后设置滤镜选项，如图 11-64 所示，设置后单击"确定"按钮。

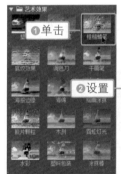

图 11-64

步骤 05 新建"色阶 1"调整图层，在打开的"属性"面板中输入色阶值为 26、1.19、241，如图 11-65 所示。

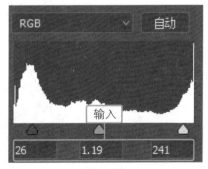

图 11-65

步骤 06 此时在图像窗口中可以看到增强了对比的图像效果，如图 11-66 所示。

图 11-66

11.3 | 其他滤镜的使用

除了前面介绍的滤镜外，在"滤镜"菜单中还有其他滤镜组，如"模糊""杂色"等。用这些滤镜组中的滤镜命令可以创建更丰富的图像效果。

11.3.1 "模糊"滤镜组

"模糊"滤镜组包含"高斯模糊""表面模糊""动感模糊"等多个滤镜命令，可以柔化选区或整个图像，主要通过平衡图像中明确的线条和遮蔽区域的清晰边缘旁边的像素，使变化显得柔和。

素材文件	随书资源 \11\ 素材 \14.jpg
最终文件	随书资源 \11\ 源文件 \ "模糊"滤镜组 .psd

步骤 01 打开素材文件 14.jpg，新建"色阶 1"调整图层，在打开的"属性"面板中选择"加亮阴影"预设选项，提亮阴影部分，如图 11-67 所示。按快捷键〈Ctrl+Shift+Alt+E〉，盖印得到"图层 1"图层。

图 11-67

步骤 02 执行"滤镜→模糊→径向模糊"菜单命令，打开"径向模糊"对话框，❶输入"数量"为 80，❷单击"缩放"单选按钮，❸调整模糊的中心位置，❹单击"确定"按钮，如图 11-68 所示。

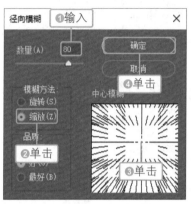

图 11-68

步骤 03 在图像窗口中可看到应用滤镜模糊图像的效果。单击"图层"面板底部的"添加图层蒙版"按钮，为"图层 1"图层添加图层蒙版，如图 11-69 所示。

图 11-69

步骤 04 将前景色设置为黑色，选择"画笔工具"，❶在选项栏中设置"不透明度"为 72%，❷在模糊的中心点位置涂抹，还原部分清晰的图像，如图 11-70 所示。

图 11-70

步骤 05 盖印图层，得到"图层 2"图层。选择"椭圆选框工具"，❶在选项栏中输入"羽化"值为 200 像素，❷在图像中单击并拖动鼠标，创建椭圆选区，并反选选区，如图 11-71 所示。

图 11-71

步骤 06 按快捷键〈Ctrl+J〉，复制选区中的图像。执行"滤镜→模糊→高斯模糊"菜单命令，❶在打开的对话框中输入"半径"为 10，❷单击"确定"按钮，如图 11-72 所示，应用"高斯模糊"滤镜模糊图像。

步骤 07 打开"调整"面板，❶单击面板中的"曲线"按钮，新建"曲线 1"调整图层，❷在打开的"属性"面板中单击并向上拖动曲线，如图 11-73 所示。

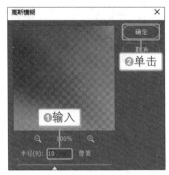

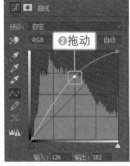

图 11-72

图 11-73

步骤 08 ❶在"编辑"下拉列表框中选择"蓝"选项，❷将鼠标移到曲线左下角，单击并向上拖动，调整曲线，变换图像色调，如图 11-74 所示。

图 11-74

11.3.2 "杂色"滤镜组

"杂色"滤镜组包含"减少杂色""蒙尘与划痕""去斑"等多个滤镜命令，可以添加或移去图像中的杂色或带有随机分布色阶的像素。

素材文件	随书资源 \11\ 素材 \15.jpg
最终文件	随书资源 \11\ 源文件 \ "杂色" 滤镜组 .psd

步骤 01 打开素材文件 15.jpg，新建"曲线 1"调整图层，在打开的"属性"面板中单击并向上拖动曲线，提亮图像，如图 11-75 所示。

步骤 02 盖印图层，执行"滤镜→杂色→中间值"菜单命令，打开"中间值"对话框，❶输入"半径"为6，❷单击"确定"按钮，如图 11-76 所示。

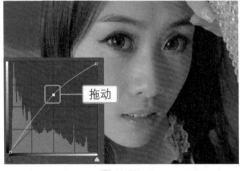

图 11-75

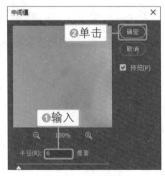

图 11-76

步骤 03 单击"图层"面板底部的"添加图层蒙版"按钮 ■ ，为盖印得到的"图层 1"图层添加蒙版，并将图层蒙版填充为黑色，如图 11-77 所示。

步骤 04 设置前景色为白色，选择"画笔工具"，❶在选项栏输入"不透明度"为 30%，❷在人物皮肤位置涂抹，编辑图层蒙版，如图 11-78 所示。

图 11-77

图 11-78

步骤 05 ❶按快捷键〈Ctrl+Shift+Alt+E〉，盖印图层，得到"图层 2"图层。执行"滤镜→杂色→蒙尘与划痕"菜单命令，❷在打开的对话框中输入"半径"为 8，❸单击"确定"按钮，如图 11-79 所示。

图 11-79

步骤 06 单击"图层 1"蒙版缩览图，选中图层蒙版，❶按住〈Alt〉键不放，将图层蒙版向"图层 2"上拖动，❷释放鼠标，复制图层蒙版，如图 11-80 所示。

图 11-80

实例演练——巧用滤镜制作浓情巧克力效果

使用"滤镜"菜单下的滤镜命令可以模拟各种不同物体的质感。在本实例中，先使用"镜头光晕"滤镜渲染图像，结合"画笔描边"滤镜组中的"喷色描边"滤镜用成角的、喷溅的颜色线条重新绘画图像，使用"铬黄渐变"滤镜渲染图像，使其具有擦亮的铬黄表面，最后对图像进行旋转扭曲，并调整颜色，模拟出巧克力效果，如图 11-81 所示。

素材文件	随书资源 \11\ 素材 \16.png
最终文件	随书资源 \11\ 源文件 \ 巧用滤镜制作浓情巧克力效果 .psd

图 11-81

步骤 01 创建新文件，单击"图层"面板底部的"创建新图层"按钮 ，新建"图层 1"图层，将图层填充为黑色，并将其转换为智能图层，如图 11-82 所示。

步骤 02 执行"滤镜→渲染→镜头光晕"菜单命令，打开"镜头光晕"对话框，保持默认设置，单击"确定"按钮，如图 11-83 所示。

图 11-82

图 11-83

步骤 03 返回图像窗口，可看到应用"镜头光晕"滤镜渲染得到的比较柔和的镜头光晕效果，如图 11-84 所示。

步骤 04 执行"滤镜→滤镜库"菜单命令，打开"滤镜库"对话框，❶单击"画笔描边"滤镜组下的"喷色描边"滤镜，❷在右侧设置滤镜选项，如图 11-85 所示。

图 11-84

图 11-85

步骤 05 单击"确定"按钮,返回图像窗口，查看应用"喷色描边"滤镜处理图像的效果，如图 11-86 所示。

步骤 06 执行"滤镜→扭曲→波浪"菜单命令，打开"波浪"对话框，❶在对话框左侧设置各选项，❷单击"确定"按钮，如图 11-87 所示。

图 11-86

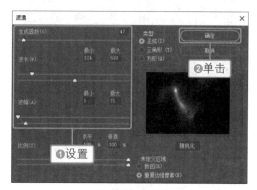

图 11-87

步骤 07 返回图像窗口，查看应用"波浪"滤镜扭曲图像得到的波状图案，如图 11-88 所示。

图 11-88

步骤 08 执行"滤镜→滤镜库"菜单命令，打开"滤镜库"对话框，❶单击"素描"滤镜组下的"铬黄渐变"滤镜，❷在右侧设置滤镜选项，如图 11-89 所示。

图 11-89

步骤 09 单击"确定"按钮，返回图像窗口，查看应用"铬黄渐变"滤镜渲染图像的效果，如图 11-90 所示。

图 11-90

步骤 10 执行"滤镜→扭曲→旋转扭曲"菜单命令，打开"旋转扭曲"对话框，❶将"角度"滑块向右拖动到 400 位置，❷单击"确定"按钮，如图 11-91 所示。

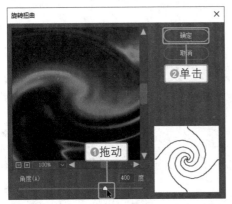

图 11-91

步骤 11 返回图像窗口，查看应用"旋转扭曲"滤镜扭曲图像的效果，如图 11-92 所示。

图 11-92

步骤 12 执行"滤镜→模糊→高斯模糊"菜单命令，打开"高斯模糊"对话框，❶设置"半径"为 1.5 像素，❷单击"确定"按钮，如图 11-93 所示，应用滤镜模糊图像。

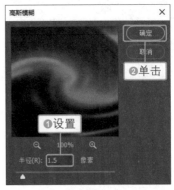

图 11-93

步骤 13 新建"色彩平衡 1"调整图层，打开"属性"面板，❶选择"中间调"选项，❷输入颜色值为 +81、0、-81，调整图像色调，如图 11-94 所示。

步骤 14 新建"照片滤镜 1"调整图层，打开"属性"面板，❶选择"深褐"滤镜，❷输入"浓度"为 50，加深图像中的褐色，如图 11-95 所示。

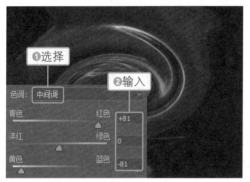

图 11-94

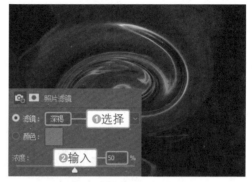

图 11-95

步骤 15 新建"色阶 1"调整图层，打开"属性"面板，输入"色阶"值为 3、1.10、191，调整图像的亮度、对比度，加强层次效果，如图 11-96 所示。

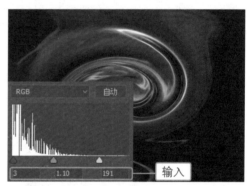

图 11-96

步骤 16 ❶打开素材文件 16.png，将其中的图像复制到制作好的巧克力图像右下角，❷再输入文字，完成本实例的制作，如图 11-97 所示。

图 11-97

动作是在单个或一批文件上执行的一系列自动化任务。通过选择并播放"动作"面板中的动作，可以快速处理图像。将动作与"批处理"命令结合起来，则可轻松完成多张图像的批量处理，从而提高工作效率。本章将详细地讲解创建和编辑动作、载入动作、文件的批处理等操作。

12.1 创建和载入动作

对于经常执行的操作，可以通过创建动作将其记录下来并快速应用于处理其他图像。在 Photoshop 中，用户可以在"动作"面板中自行创建动作组和动作，也可以通过执行"载入动作"命令，载入下载的动作。

12.1.1 创建动作组

创建动作前，通常需要先创建动作组，如果未新建动作组，则创建的新动作会被放置在"默认动作"组中。在 Photoshop 中，可以通过单击"创建新组"按钮或执行"动作"面板菜单中的"新建组"命令创建动作组。

步骤 01 打开"动作"面板，单击面板底部的"创建新组"按钮，如图 12-1 所示。

步骤 02 打开"新建组"对话框，❶输入名称为"复古色调"，❷单击"确定"按钮，如图 12-2 所示。

步骤 03 此时在"动作"面板最下方显示创建的"复古色调"动作组，如图 12-3 所示。

图 12-1

图 12-2

图 12-3

步骤 04 ❶单击"动作"面板右上角的扩展按钮■，❷在面板菜单中执行"新建组"命令，如图 12-4 所示。

步骤 05 打开"新建组"对话框，❶输入名称为"清爽色调"，❷单击"确定"按钮，如图 12-5 所示。

步骤 06 此时在"动作"面板最下方显示创建的"清爽色调"动作组，如图12-6 所示。

图 12-4

图 12-5

图 12-6

12.1.2　创建动作

在"动作"面板中创建动作组以后，可以在动作组中创建一个或多个动作。用户可以通过单击"动作"面板中的"创建新动作"按钮，或者执行"动作"面板菜单中的"新建动作"命令创建新动作。创建新动作时，"动作"面板中的"记录"按钮将变为正在记录状态，表明软件开始记录后面的操作。

| 素材文件 | 随书资源 \12\ 素材 \01.jpg |
| 最终文件 | 随书资源 \12\ 源文件 \ 创建动作 .psd |

步骤 01 打开素材文件 01.jpg，显示打开的原始图像效果，如图 12-7 所示。

步骤 02 打开"动作"面板，❶单击选中创建的"复古色调"动作组，❷单击面板底部的"创建新动作"按钮■，如图 12-8 所示。

图 12-7

图 12-8

步骤 03 打开"新建动作"对话框，❶输入动作名称为"LOMO 复古风格"，❷单击"记录"按钮，创建新动作，如图 12-9 所示。

步骤 04 创建新动作后，"动作"面板底部的"开始记录"按钮显示为红色，表示正在记录动作，如图 12-10 所示。

图 12-9

图 12-10

步骤 05 根据设计需要，在图像中创建多个调整图层，调整图像的颜色，将其转换为复古的 LOMO 风格，如图 12-11 所示。

步骤 06 完成处理操作后，单击"动作"面板底部的"停止播放 / 记录"按钮■，完成新动作的记录，如图 12-12 所示。

图 12-11

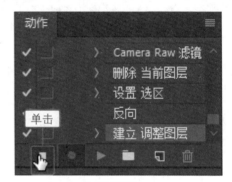

图 12-12

12.1.3 存储创建的动作

在"动作"面板中创建了动作后，为了防止程序崩溃导致动作丢失，最好将动作存储为动作文件（*.atn）作为备份。存储好的动作文件还可以分享给其他 Photoshop 用户使用。需注意的是，Photoshop 存储动作时是以动作组为单位的，无法存储单个动作，因此建议创建一个动作组，将自建的动作都放在这个动作组中，再将这个动作组存储为动作文件。

素材文件	无
最终文件	随书资源 \12\ 源文件 \ 存储创建的动作 .atn

步骤 01 打开"动作"面板，❶在面板中选中创建的"复古色调"动作组，❷单击面板右上角的扩展按钮 ，❸执行"存储动作"命令，如图 12-13 所示。

步骤 02 打开"另存为"对话框，❶选择存储动作文件的位置，❷输入动作文件名，❸单击"保存"按钮，存储动作，如图 12-14 所示。

图 12-13

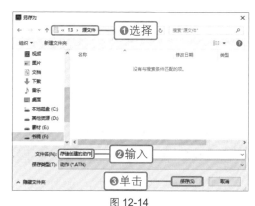

图 12-14

12.1.4　载入动作组和动作

存储动作之后，就可以在需要时将存储的动作载入到"动作"面板中。用户可以通过执行"动作"面板中的"载入动作"命令，快速载入需要的动作。

素材文件	随书资源 \12\ 素材 \02.atn
最终文件	无

步骤 01 打开"动作"面板，❶单击面板右上角的扩展按钮■，❷在展开的面板菜单中执行"载入动作"命令，如图 12-15 所示。

步骤 02 打开"载入"对话框，❶单击选中需要载入的动作文件，❷单击对话框底部的"载入"按钮，如图 12-16 所示。

图 12-15

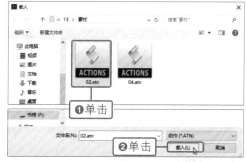

图 12-16

步骤03 随后在"动作"面板中可以看到载入的"02"动作组及该动作组中的所有动作，如图12-17所示。

提示
Photoshop 中预设了多个动作组，单击"动作"面板右上角的扩展按钮，在展开的面板菜单底部就可以选择载入这些预设的动作组和动作组中的动作。

图 12-17

12.2 编辑动作

创建动作或载入动作后，可以播放"动作"面板中的动作处理图像，也可以再次编辑"动作"面板中的动作，如追加动作或在动作中插入停止、复制和删除动作等。

12.2.1 播放并追加动作

创建动作或载入动作后，可以通过单击"播放选定的动作"按钮播放动作，快速处理图像。应用动作处理图像后，如果对得到的图像效果不满意，还可以重新编辑动作。

	素材文件	随书资源 \12\ 素材 \02.atn、03.jpg
	最终文件	随书资源 \12\ 源文件 \ 播放并追加动作 .psd、播放并追加动作 .atn

步骤01 打开素材文件 03.jpg，在图像窗口中显示应用动作处理前的图像效果，如图 12-18 所示。

步骤02 打开"动作"面板，载入动作组 02.atn，❶单击选中动作组下的"暖调"动作并展开该动作下已记录的操作，❷单击"播放选定的动作"按钮 ▶，如图 12-19 所示。

图 12-18

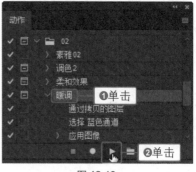

图 12-19

步骤 03 播放"暖调"动作下的所有操作，编辑图像，调整图像颜色，效果如图 12-20 所示。

步骤 04 单击"动作"面板底部的"开始记录"按钮 ⬤，开始追加动作，如图 12-21 所示。

图 12-20

图 12-21

步骤 05 新建"曲线 1"调整图层，打开"属性"面板，❶单击并拖动右上角的控制点，降低高光部分的亮度，❷选择"蓝"选项，❸单击并拖动曲线，更改曲线形状，图 12-22 所示。

步骤 06 新建"亮度 / 对比度 1"调整图层，打开"属性"面板，输入"亮度"为 -10、"对比度"为 -5，降低图像的亮度和对比度，如图 12-23 所示。

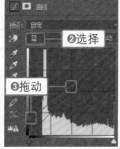

图 12-22

图 12-23

步骤 07 完成图像颜色的编辑操作后，单击"动作"面板底部的"停止播放 / 记录"按钮，停止记录动作。此时在"动作"面板中可看到追加记录的操作，如图 12-24 所示。

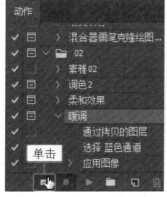

图 12-24

12.2.2 插入停止

创建动作后，可以在动作中的适当位置插入停止，以便执行无法记录的操作，如使用绘图工具绘制图像。播放动作时，播放至插入停止的位置便会暂停，用户执行完所需操作后单击"播放选定的动作"按钮即可继续播放后面的操作。

素材文件	随书资源 \12\ 素材 \04.atn、05.jpg
最终文件	随书资源 \12\ 源文件 \ 插入停止 .psd、插入停止 .atn

步骤 01 打开"动作"面板，载入动作组 04.atn，依次单击动作组和动作前的三角形按钮，展开动作组下的"精细磨皮技术"动作，如图 12-25 所示。

步骤 02 ❶单击选中动作中的"选择当前通道"操作，❷单击右上角的扩展按钮■，❸在展开的面板菜单中执行"插入停止"命令，如图 12-26 所示。

图 12-25

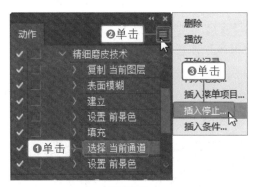

图 12-26

步骤 03 打开"记录停止"对话框，❶输入在停止时要显示的提示信息，❷勾选"允许继续"复选框，如图 12-27 所示，单击"确定"按钮。

步骤 04 ❶单击选中动作中的"合并可见图层"操作，❷单击右上角的扩展按钮■，❸在展开的面板菜单中执行"插入停止"命令，如图 12-28 所示。

图 12-27

图 12-28

步骤 05 打开"记录停止"对话框，❶输入在停止时要显示的提示信息，❷勾选"允许继续"复选框，如图 12-29 所示，单击"确定"按钮。

图 12-29

步骤 07 选中"动作"面板中的"精细磨皮技术"动作，单击"播放选定的动作"按钮，播放动作，当播放到"选择当前通道"操作时，弹出"信息"对话框，❶单击"停止"按钮，❷将前景色调整为白色，用柔边圆画笔涂抹人物皮肤区域，如图 12-31 所示。

图 12-31

步骤 09 修复完皮肤瑕疵后，单击"播放选定的动作"按钮▶，继续播放动作，如图 12-33 所示。

步骤 06 随后在"动作"面板中可看到，在"选择当前通道"和"合并可见图层"操作下方插入了停止操作。打开素材文件 05.jpg，如图 12-30 所示。

图 12-30

步骤 08 涂抹完皮肤区域后，单击"播放选定的动作"按钮，继续播放动作，当播放到"合并可见图层"操作时，弹出"信息"对话框，❶单击"停止"按钮，❷用"污点修复画笔工具"涂抹，修复皮肤上的瑕疵，如图 12-32 所示。

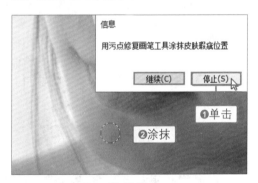

图 12-32

图 12-33

步骤 10 完成动作中的所有操作，对人物进行精细磨皮处理的效果如图 12-34 所示。

图 12-34

12.2.3　复制动作组中的动作

在 Photoshop 中，可以复制"动作"面板中的任一动作。先在"动作"面板中选中需要复制的动作，然后将其拖动到"创建新动作"按钮上方，或者执行"动作"面板菜单中的"复制"命令，即可复制选中的动作。

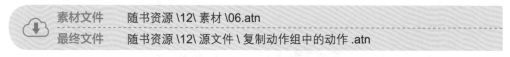

素材文件	随书资源 \12\ 素材 \06.atn
最终文件	随书资源 \12\ 源文件 \ 复制动作组中的动作 .atn

步骤 01 打开"动作"面板，载入动作组 06.atn，❶单击选中动作组中需要复制的动作，❷将其拖至"创建新动作"按钮上方，如图 12-35 所示。

步骤 02 释放鼠标，复制选中的"都市怀旧"动作，在原动作下方显示复制的"都市怀旧 拷贝"动作，如图 12-36 所示。

图 12-35

图 12-36

12.2.4　更改动作名称

在 Photoshop 中，可以自由更改"动作"面板中的动作名。双击动作名文本，激活作名文本框，在文本框中输入新的动作名称，然后按〈Enter〉键，即可完成动作名的更改。

素材文件	随书资源 \12\ 素材 \07.atn
最终文件	随书资源 \12\ 源文件 \ 更改动作名称 .atn

步骤 01 打开"动作"面板，载入动作组 07.atn，双击动作组下的第 1 个动作，如图 12-37 所示。

步骤 02 显示动作名文本框，在文本框中输入新的动作名为"淡蓝色调"，如图 12-38 所示。

图 12-37

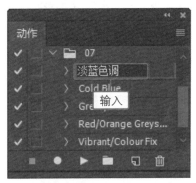

图 12-38

步骤 03 按〈Enter〉键完成动作名更改，效果如图 12-39 所示。

步骤 04 使用同样的方法，对该动作组下的其他动作进行重命名，效果如图 12-40 所示。

图 12-39

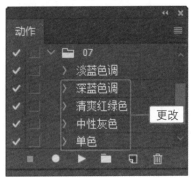

图 12-40

12.2.5 删除动作组和动作

如果不再需要使用某些动作组或动作,可以通过单击"动作"面板中的"删除"按钮,或执行"动作"面板菜单中的"删除"命令，删除选中的动作组或动作。

素材文件	随书资源 \12\ 素材 \08.atn
最终文件	无

步骤 01 打开"动作"面板，载入动作组 08.atn，❶在载入的动作组下方单击选中一个动作，❷单击面板底部的"删除"按钮，如图 12-41 所示。

图 12-41

步骤 02 在弹出的提示框中单击"确定"按钮，如图 12-42 所示。

图 12-42

步骤 03 此时 08 动作组下的"存为竖 PSD"动作被删除，在"动作"面板中已看不到该动作，如图 12-43 所示。

图 12-43

步骤 04 如果要删除整个动作组，❶在面板中单击选中该动作组，❷单击面板右上角的扩展按钮▤，❸在弹出的菜单中执行"删除"命令，如图 12-44 所示。

图 12-44

步骤 05 在弹出的提示框中单击"确定"按钮，如图 12-45 所示。

图 12-45

步骤 06 此时选中的 08 动作组被删除，在"动作"面板中已看不到 08 动作组及组中的所有动作，如图 12-46 所示。

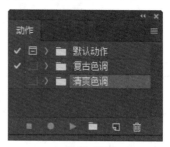

图 12-46

12.3 | 文件的批处理

使用 Photoshop 提供的自动化工具，可以针对整批文件执行某项任务，例如转换文件格式、处理一组 RAW 格式文件、调整图像大小或添加元数据，还可以将处理的过程存储为快捷批处理，便于重复使用自动化工具完成文件的批处理操作。

12.3.1 "批处理"命令

"批处理"命令可以对一个文件夹中的文件运行动作。执行"文件→自动→批处理"菜单命令，打开"批处理"对话框，在对话框中可以选择要应用的动作组和动作，并且可以指定批处理文件的名称和存储位置等。

素材文件	随书资源 \12\ 素材 \09（文件夹）
最终文件	随书资源 \12\ 源文件 \ "批处理"命令（文件夹）

步骤 01 执行"文件→自动→批处理"菜单命令，打开"批处理"对话框,在"动作"下拉列表框中选择"自定义 RGB 到灰度"选项，如图 12-47 所示。

步骤 02 ❶在"源"下拉列表框中选择"文件夹"选项，❷单击下方的"选择"按钮，如图 12-48 所示。

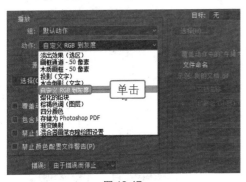

图 12-47

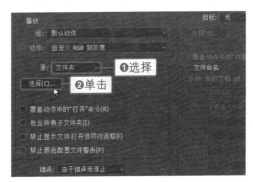

图 12-48

步骤 03 打开"浏览文件夹"对话框，❶选择需要进行批处理的图像所在的"09"文件夹，❷单击下方的"确定"按钮，❸在"选择"按钮下方显示所选路径，如图 12-49 所示。

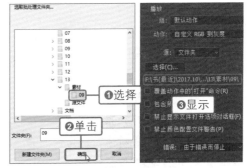

图 12-49

步骤 04 ❶在"目标"下拉列表框中选择"文件夹"选项，❷单击下方的"选择"按钮，如图 12-50 所示。

图 12-50

步骤 05 打开"浏览文件夹"对话框，❶选择批处理后文件的存储位置，❷单击下方的"确定"按钮，❸在"选择"按钮下方显示所选路径，如图 12-51 所示。

步骤 06 在"文件命名"选项组中输入批处理后的文件名称、序号及扩展名等选项，如图 12-52 所示，设置后单击"确定"按钮。

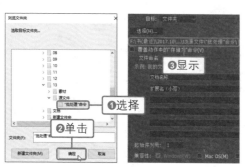

图 12-51

图 12-52

提示
在"浏览文件夹"对话框中，可以单击"新建文件夹"按钮，新建一个用于存储批处理后文件的文件夹。

步骤 07 软件将应用所选动作批处理图像，处理完成后，在设定的目标文件夹中查看批处理后的图像效果，如图 12-53 所示。

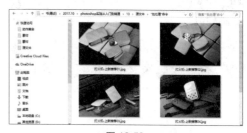

图 12-53

12.3.2　创建快捷批处理

快捷批处理是指将批处理操作创建为一个快捷方式，用户只要将需进行批处理的文件拖至该快捷方式图标上，即可快速完成批处理操作。为了方便操作，可以把批处理快捷方式存储到合适的位置。

素材文件	随书资源 \12\ 素材 \10（文件夹）
最终文件	随书资源 \12\ 源文件 \ 创建快捷批处理 .exe、创建快捷批处理（文件夹）

步骤 01 执行"文件→自动→创建快捷批处理"菜单命令，打开"创建快捷批处理"对话框，在对话框中单击"选择"按钮，如图 12-54 所示。

步骤 02 打开"另存为"对话框，❶选择存储快捷方式的位置，❷输入文件名称，❸单击"保存"按钮，如图 12-55 所示。

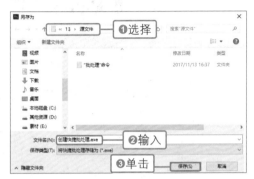

图 12-54

图 12-55

步骤 03 返回"创建快捷批处理"对话框，在"播放"选项组中的"动作"下拉列表框中选择要保存快捷方式的批处理操作，如图 12-56 所示。

步骤 04 ❶在"目标"下拉列表框中选择"文件夹"选项，❷单击下方的"选择"按钮，如图 12-57 所示。

图 12-56

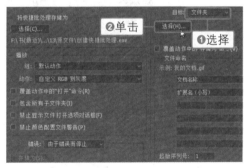

图 12-57

步骤 05 打开"浏览文件夹"对话框，❶选择存储最终文件的文件夹，❷单击"确定"按钮，❸在"选择"按钮下方显示所选路径，如图 12-58 所示。

步骤 06 激活"文件命名"选项组，在下方设置处理后的文件名称、序列号和扩展名等，如图 12-59 所示，设置后单击"确定"按钮。

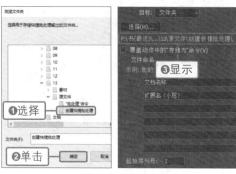

图 12-58

图 12-59

步骤 07 打开"随书资源 \12\ 素材 \10"文件夹，选中文件夹中的所有素材图像，将其拖动到创建的"快捷批处理"图标上，如图 12-60 所示。

步骤 08 释放鼠标，应用"快捷批处理"处理图像，弹出"另存为"对话框，❶选择批处理后文件的存储位置，❷设置文件保存类型，❸单击"保存"按钮，如图 12-61 所示。

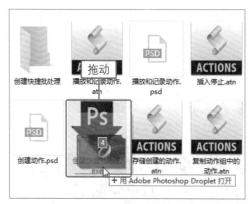

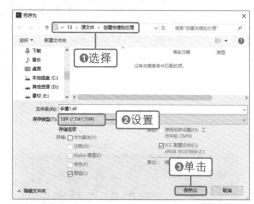

图 12-60

图 12-61

步骤 09 弹出"TIFF 选项"对话框，❶单击"图层压缩"选项组中的"扔掉图层并存储拷贝"单选按钮，❷单击"确定"按钮，如图 12-62 所示。

步骤 10 存储图像，打开设定的目标文件夹，在文件夹中显示应用"快捷批处理"处理后的图像效果，如图 12-63 所示。

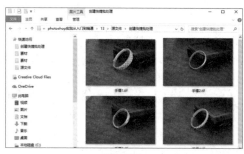

图 12-62

图 12-63

应用"快捷批处理"批量处理文件时，如果选择的动作中包含了存储操作，则可以勾选
"创建快捷批处理"对话框中的"覆盖动作中的'存储为'命令"，将批处理后的图像自动存
储到选择的目标文件夹中。

12.3.3 "图像处理器"命令

图像处理器可以转换和处理多个文件。与"批处理"命令不同，不必先创建动作，
就可以使用图像处理器来处理文件。在图像处理器中，可以将一组文件转换为 JPEG、
PSD 或 TIFF 格式之一，还可以调整图像大小，使其适合指定的像素大小等。

素材文件	随书资源 \12\ 素材 \11（文件夹）
最终文件	随书资源 \12\ 源文件 \ "图像处理器"命令（文件夹）

步骤 01 启动 Photoshop，执行"文件→
脚本→图像处理器"菜单命令，如图 12-64
所示。

步骤 02 在打开的"图像处理器"对话框
中单击"选择要处理的图像"选项组中的
"选择文件夹"按钮，如图 12-65 所示。

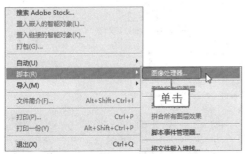

图 12-64

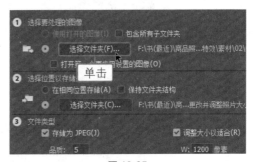

图 12-65

步骤 03 打开"选择文件夹"对话框，❶选
中要处理的文件所在的文件夹，❷单击"确
定"按钮，如图 12-66 所示。

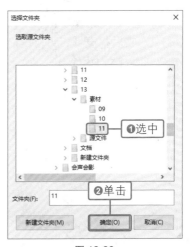

图 12-66

257

步骤 04 单击"选择位置以存储处理的图像"选项组下的"选择文件夹"按钮，打开"选择文件夹"对话框，❶选中目标文件夹，❷单击"确定"按钮，如图 12-67 所示。

图 12-67

步骤 06 在"首选项"选项组中，❶勾选"运行动作"复选框，❷在右侧的第 1 个下拉列表框中选择 07 动作组，❸在右侧的第 2 个下拉列表框中选择其中一种动作，如图 12-69 所示，设置完成后单击"运行"按钮，开始处理图像。

步骤 07 随后软件会根据设置自动批量处理图像，完成后打开设定的目标文件夹，可看到 JPEG 和 PSD 两个子文件夹，❶双击打开 JPEG 文件夹，❷将鼠标移到其中一个图像上方，可以看到调整后的图像大小，如图 12-70 所示。

步骤 05 返回"图像处理器"对话框，❶勾选"存储为 JPEG"和"调整大小适合"复选框，❷输入 W 值为 1500、H 值为 1000 像素，❸勾选"存储为 PSD"和"调整大小以适合"复选框，❹输入 W 值为 1500、H 值为 1000 像素，如图 12-68 所示。

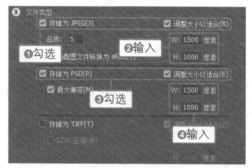

图 12-68

图 12-69

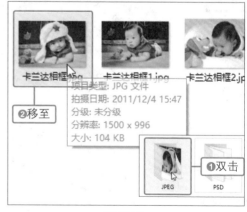

图 12-70

实例演练——通过批处理为多个图像添加水印

　　在图像中添加水印可以起到鉴别文件真伪、保护版权等作用。在本实例中，先创建新动作组和动作,再结合"横排文字工具"和"字符"面板在图像中输入文字,使用"自定形状工具"在文字旁边绘制图形,通过对这些文字和图形应用浮雕效果,更改混合模式以突出水印图案,最后通过批处理为其他几张素材图像也添加上相同的水印，效果如图 12-71 所示。详细制作过程可观看本书提供的学习视频。

图 12-71

素材文件	随书资源 \12\ 素材 \12（文件夹）	
最终文件	随书资源\12\源文件\通过批处理为多个图像添加水印（文件夹）、水印 .atn	

第 13 章　Web 图像和动画制作

应用 Photoshop 提供的 Web 工具，可以快速切分图像，构建网页中的组件，并且可以通过编辑这些切片组件的属性，为其指定超链接效果。此外，Photoshop 还提供动画功能，用户可以利用"时间轴"面板制作简单的网页小动画，使网页变得更生动。本章会详细讲解网页切片和动画的相关操作。

13.1　图像的切片编辑

切片使用 HTML 表或 CSS 图层将一张图像划分为若干较小的图像，这些图像可在 Web 页上重新组合。应用 Photoshop 中的切片工具可以划分图像，并对这些图像指定不同的 URL 链接，创建页面导航，使用户在浏览网页时能够从一个页面快速跳转到另一个页面。

13.1.1　创建切片

在 Photoshop 中，可以使用"切片工具"直接在图像上绘制切片线条，或者使用图层来设计图形，然后基于图层创建切片。选择工具箱中的"切片工具"后，可以在选项栏中设置要创建的切片样式，然后在要创建切片的区域单击并拖动，就能创建切片效果。

素材文件	随书资源 \13\ 素材 \01.psd
最终文件	随书资源 \13\ 源文件 \ 创建切片 .psd

步骤 01 打开素材文件 01.psd，按住"裁剪工具"不放，在展开的工具组中单击"切片工具"，如图 13-1 所示。

步骤 02 将鼠标移到打开的图像上方，单击并拖动鼠标，如图 13-2 所示。

图 13-1

图 13-2

步骤 03 释放鼠标后，软件会根据鼠标拖动的轨迹，创建一个矩形切片效果，如图 13-3 所示。

步骤 04 继续使用"切片工具"在图像中单击并拖动，创建更多切片，效果如图 13-4 所示。

图 13-3

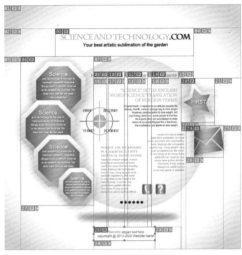

图 13-4

提示 在 Photoshop 中，可以创建基于图层的切片，如果移动图层或编辑图层内容，切片区域将自动调整以包含新像素。在"图层"面板中选中图层，执行"图层→新建基于图层的切片"菜单命令，就能创建基于所选图层的切片。

13.1.2　选择切片

在图像中创建切片后，可以用"切片选择工具"选中切片，再对切片的位置、大小等进行调整。

素材文件　　随书资源 \13\ 素材 \02.psd
最终文件　　随书资源 \13\ 源文件 \ 选择切片 .psd

步骤 01 打开素材文件 02.psd，按住工具箱中的"裁剪工具"按钮不放，在展开的工具组中选择"切片选择工具"，如图 13-5 所示。

图 13-5

步骤 02 将鼠标移到需要选择的切片 05 上单击，即可选中该切片，选中的切片的边线显示为黄色，如图 13-6 所示。

图 13-6

步骤 03 将鼠标移到选中切片的右边线上，当鼠标指针变为双向箭头时，单击并向左拖动，调整切片大小，如图 13-7 所示。

图 13-7

步骤 04 将鼠标移到切片 10 上方，单击选中该切片，使其边线显示为黄色，如图 13-8 所示。

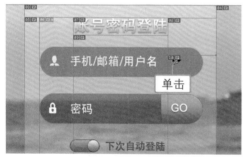

图 13-8

步骤 05 将鼠标移到选中切片的上边线上，当鼠标指针变为双向箭头时，单击并向下拖动，调整切片大小，如图 13-9 所示。

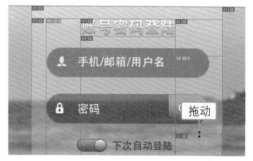

图 13-9

步骤 06 继续使用"切片选择工具"选择其他切片，并通过拖动边线调整各切片的大小，得到的切片效果如图 13-10 所示。

图 13-10

13.1.3 设置切片选项

应用"切片工具"创建切片后，可以为切片设置更多的选项。单击"切片工具"选项栏中的"为当前切片设置选项"按钮，或右击切片，在弹出的快捷菜单中执行"切片选项"命令，打开"切片选项"对话框，在对话框中可以完成更多切片选项的设置。

素材文件	随书资源 \13\ 素材 \03.psd
最终文件	随书资源 \13\ 源文件 \ 设置切片选项 .psd

步骤 01 打开素材文件 03.psd，❶应用"切片选择工具"单击选中切片，❷单击选项栏中的"为当前切片设置选项"按钮，如图 13-11 所示。

步骤 02 打开"切片选项"对话框，❶在"名称"文本框中输入"个人简历"，❷在"URL"文本框中输入链接地址，❸单击"确定"按钮，如图 13-12 所示。

图 13-11

图 13-12

13.1.4　组合与删除切片

对于页面中已有的切片，可以根据需要，将多个切片合并为一个切片；对于无用的切片，可以在选中后删除。

素材文件	随书资源 \13\ 素材 \04.psd
最终文件	随书资源 \13\ 源文件 \ 组合与删除切片 .psd

步骤 01 打开素材文件 04.psd，❶单击"切片选择工具"按钮，❷按住〈Shift〉键不放，依次单击切片 18 和 20，选中这两个切片，如图 13-13 所示。

步骤 02 ❶右击选中的切片，❷在弹出的快捷菜单中执行"组合切片"命令，如图 13-14 所示。

图 13-13

图 13-14

步骤 03 随后切片 18 和 20 被组合为一个切片，其切片序号定义为 18，如图 13-15 所示。

提示 组合切片后，如果要重新划分切片，可以单击选项栏中的"划分"按钮，打开"划分切片"对话框，在对话框中选择以水平或垂直方式划分选中的切片。

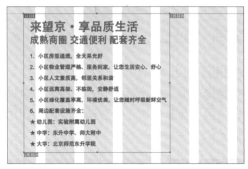

图 13-15

步骤 04 选择"切片选择工具"，将鼠标移到画面底部的切片 43 上方，单击选中该切片，如图 13-16 所示。

步骤 05 按〈Delete〉键，删除选中的切片 43，删除后的效果如图 13-17 所示。

图 13-16

图 13-17

13.2 存储为 Web 所用格式

在 Photoshop 中应用切片工具创建并编辑切片后，可以导出和优化切片图像，软件会将每个切片存储为单独的文件并生成显示切片图像所需的 HTML 或 CSS 代码。

13.2.1 创建 JPEG 格式文件

将图像以 JPEG 格式进行优化是一种有损压缩，它会有选择地丢弃数据。在 Photoshop 中，可以应用"存储为 Web 所用格式（旧版）"命令，将 CMYK、RGB 和灰度图像以 JPEG 格式存储。

素材文件　　随书资源 \13\ 素材 \05.psd

最终文件　　随书资源 \13\ 源文件 \ 创建 JPEG 格式文件（文件夹）

步骤 01 打开素材文件 05.psd，在图像窗口中查看图像效果，如图 13-18 所示。

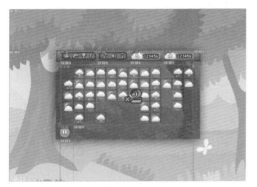

图 13-18

步骤 03 打开"存储为 Web 所用格式"对话框，单击"四联"标签，更改预览方式，如图 13-20 所示。

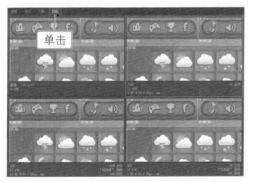

图 13-20

步骤 05 设置完选项后，单击对话框底部的"存储"按钮，如图 13-22 所示。

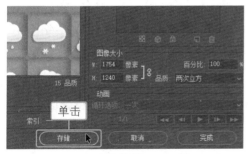

图 13-22

步骤 02 执行"文件→导出→存储为 Web 所用格式（旧版）"菜单命令，如图 13-19 所示。

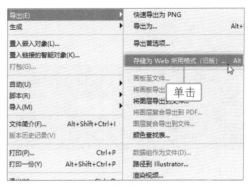

图 13-19

步骤 04 ①在"优化的文件格式"下拉列表框中选择 JPEG 格式，②在下方设置优化选项，如图 13-21 所示。

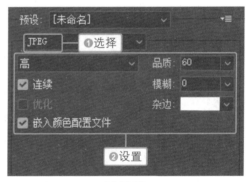

图 13-21

步骤 06 打开"将优化结果存储为"对话框，①选择存储位置，②输入文件名，③单击"保存"按钮，如图 13-23 所示。

图 13-23

步骤 07 在弹出的提示框中单击"确定"按钮，优化并存储图像，如图 13-24 所示。

步骤 08 打开目标文件夹，在该文件夹中可看到一个 images 文件夹，双击打开该文件夹，可看到优化后的 JPEG 图像，如图 13-25 所示。

图 13-24

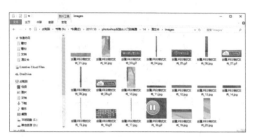

图 13-25

13.2.2 保存 GIF 动画

应用"存储为 Web 所用格式"功能不但可以将文件保存为 JPEG 格式，还可以将文件保存为网页上常用的 GIF 格式。GIF 格式是用于压缩具有单调颜色和清晰细节的图像的标准格式，在"存储为 Web 所用格式"对话框中，通过单击"优化的文件格式"下拉按钮，在展开的列表中即可选择 GIF 格式，并且可以设置优化选项，得到更清晰的 GIF 动画。

| 素材文件 | 随书资源 \13\ 素材 \06.psd |
| 最终文件 | 随书资源 \13\ 源文件 \ 保存 GIF 动画 .gif |

步骤 01 打开素材文件 06.psd，如图 13-26 所示，执行"文件→导出→存储为 Web 所用格式（旧版）"菜单命令。

步骤 02 打开"存储为 Web 所用格式（旧版）"对话框，❶在"优化的文件格式"下拉列表框中选择 GIF 格式，❷设置优化选项，如图 13-27 所示。

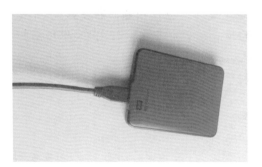

图 13-26

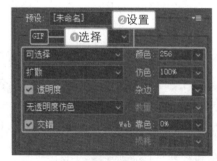

图 13-27

步骤 03 在对话框下方激活"动画"选项组，❶选择"永远"循环播放方式，❷单击"存储"按钮，如图 13-28 所示。

步骤 04 打开"将优化结果存储为"对话框，❶选择 GIF 动画文件的存储位置，❷输入文件名，❸单击"保存"按钮，如图 13-29 示。

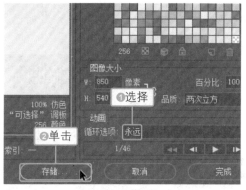

图 13-28

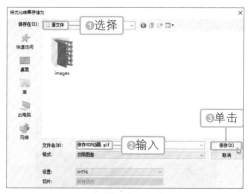

图 13-29

步骤 05 在弹出的提示框中单击"确定"按钮，优化并存储 GIF 动画，如图 13-30 所示。

步骤 06 打开选择的目标文件夹，双击文件夹中的 GIF 文件，应用播放器播放创建的动画，如图 13-31 所示。

图 13-30

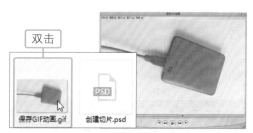

图 13-31

13.3 动画制作

应用 Photoshop 的动画制作功能可以创建丰富多样的动画效果。用户可以在"时间轴"面板中选择时间轴动画模式或帧动画模式来创建动画效果。

13.3.1 制作时间轴动画

在 Photoshop 中打开"时间轴"面板，在面板中会显示"创建视频时间轴"按钮，单击该按钮将进入时间轴动画模式。在此模式下，可以通过拖动时间指示器指定素材播放时间，并且可以向图像中添加视频和音频等，创建更生动的视频动画效果。

素材文件	随书资源 \13\ 素材 \07.jpg、08.mp4、09.wma
最终文件	随书资源 \13\ 源文件 \ 制作时间轴动画 .psd

步骤 01 执行"文件→新建"菜单命令，打开"新建"对话框，❶输入文件名为"制作时间轴动画"，❷选择单位为"像素"，❸输入文件"宽度"为 800、"高度"为 800、"分辨率"为 72，如图 13-32 所示。设置后单击"创建"按钮，新建文档。

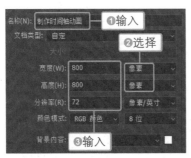

图 13-32

步骤 03 执行"窗口→时间轴"菜单命令，打开"时间轴"面板，单击面板中的"创建视频时间轴"按钮，如图 13-34 所示，进入时间轴动画模式。

图 13-34

步骤 05 打开"图层"面板，❶单击面板底部的"创建新图层"按钮，❷在"图层"面板中新建"图层 2"图层，如图 13-36 所示。

步骤 02 打开素材文件 07.jpg，用"移动工具"把商品广告图像拖动复制到新文档的"背景"图层上方，如图 13-33 所示。

图 13-33

步骤 04 将鼠标移到"时间轴"面板上方的"图层 1"图像右侧，当鼠标指针变为 ➕ 形时，单击并向左拖动，调整素材播放区间，如图 13-35 所示。

图 13-35

图 13-36

步骤 06 打开"时间轴"面板，❶单击"图层 2"右侧的视频图标 图·，❷在展开的菜单中执行"添加媒体"命令，如图 13-37 所示。

图 13-37

步骤 08 将视频素材 08.mp4 添加到"时间轴"面板，显示视频缩览图，单击选中"图层 2"空白关键帧，如图 13-39 所示。

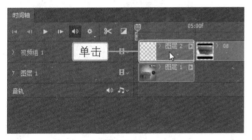

图 13-39

步骤 10 将鼠标移到视频素材 08.mp4 上方，当鼠标指针变为 形时，单击并向右拖动，调整视频素材位置，如图 13-41 所示。

图 13-41

步骤 07 打开"打开"对话框，❶单击选中需要添加到动画中的视频素材 08.mp4，❷单击下方的"打开"按钮，如图 13-38 所示。

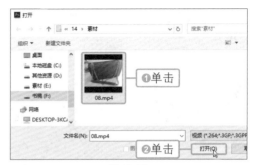

图 13-38

步骤 09 按〈Delete〉键，删除选中的"图层 2"空白关键帧，删除后打开"图层"面板，可看到面板中的"图层 2"图层也被删除，如图 13-40 所示。

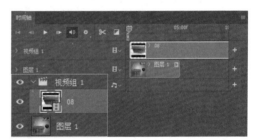

图 13-40

步骤 11 ❶单击视频素材右上角的三角按钮，❷在展开的面板中输入视频"持续时间"为 15 秒、"速度"为 150%，如图 13-42 所示。

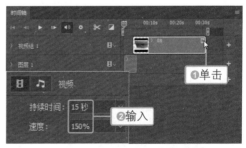

图 13-42

步骤 12 ❶在面板中单击"音频"按钮，❷输入"音量"为 0%，❸勾选"静音"复选框，去除视频中的原始音频，如图 13-43 所示。

步骤 13 调整了视频播放效果后，接下来调整视频大小。在"时间轴"面板中将时间指示器向右拖动到视频所在位置，如图 13-44 所示。

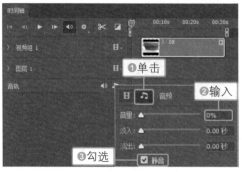

图 13-43

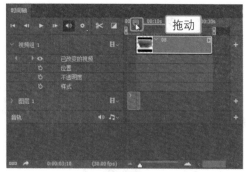

图 13-44

步骤 14 按快捷键〈Ctrl+T〉，❶在弹出的提示框中单击"转换"按钮，将视频图层转换为智能对象图层，❷拖动自由变换编辑框，调整视频图像的大小，如图 13-45 所示。

步骤 15 ❶单击"时间轴"面板上方的"选择过渡效果并拖动以应用"按钮，❷在展开的面板中选择"白色渐隐"效果，❸输入"持续时间"为 4 秒，如图 13-46 所示。

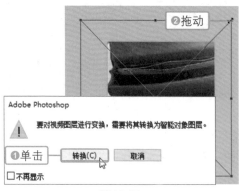

图 13-45

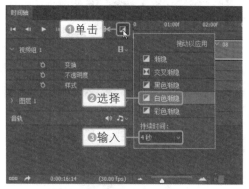

图 13-46

步骤 16 ❶将选择的"白色渐隐"拖动到面板下方的"图层 1"上方，❷当鼠标指针变为 🖑 形时，释放鼠标，对图层中的图像应用"白色渐隐"过渡效果，如图 13-47 所示。

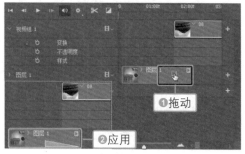

图 13-47

步骤 17 ❶在"时间轴"面板中单击"音轨"右侧的"音频"按钮 🎵，❷在展开的菜单中执行"添加音频"命令，如图 13-48 所示。

图 13-48

步骤 18 打开"打开"对话框，❶单击选中需要添加的音频素材 09.wma，❷单击"打开"按钮，如图 13-49 所示。

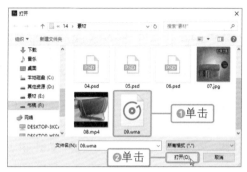

图 13-49

步骤 19 将音频素材 09.wma 添加到"时间轴"面板，❶单击选中音频素材，❷将时间指示器向右拖动到视频素材 08.mp4 结尾，❸单击"在播放头处拆分"按钮，如图 13-50 所示。

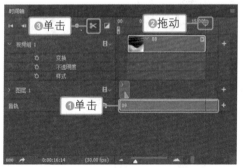

图 13-50

步骤 20 拆分音频素材，得到两段分开的音频，将鼠标移到后面一段音频上单击，将其选中，如图 13-51 所示。

图 13-51

步骤 21 按〈Delete〉键，删除选中的音频，完成时间轴动画的制作，如图 13-52 所示。最后可通过执行"存储为 Web 所用格式（旧版）"命令存储制作好的视频动画。

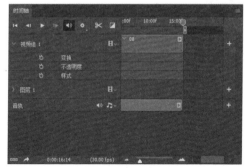

图 13-52

13.3.2 制作帧动画

在 Photoshop 中，除了可以创建时间轴动画，还可以创建帧动画。帧动画主要根据图层内容进行动画的设置，用户可以为每个动画关键帧设置不同的延迟时间、循环播放的速度等。在"时间轴"面板中单击"创建帧动画"按钮，就能切换到帧动画模式，进行帧动画的制作。

素材文件	随书资源 \13\ 素材 \10.jpg	
最终文件	随书资源 \13\ 源文件 \ 制作帧动画 .psd	

步骤 01 打开素材文件 10.jpg，❶选择"矩形选框工具"，在画面中单击并拖动鼠标，绘制一个矩形选区，❷按快捷键〈Ctrl+J〉，复制选区中的图像，在"图层"面板中生成"图层 1"图层，如图 13-53 所示。

步骤 02 载入"图层 1"选区，❶新建"颜色填充 1"填充图层，为选区填充颜色 R13、G129、B122，❷在"图层"面板中设置"颜色填充 1"填充图层的图层混合模式为"正片叠底"，叠加颜色，如图 13-54 所示。

图 13-53

图 13-54

步骤 03 ❶选中"图层 1"和"颜色填充 1"图层，执行"图层→合并图层"菜单命令，合并图层，将其重命名为"图层 1"，❷按快捷键〈Ctrl+T〉，打开自由变换编辑框，单击并拖动鼠标，调整图像的大小，如图 13-55 所示。

图 13-55

步骤 04 选择"椭圆选框工具"，❶按住〈Shift〉键不放，单击并拖动鼠标，在矩形下方绘制正圆形选区，❷按〈Delete〉键，删除选区内的图像，创建镂空的图像效果，如图 13-56 所示。

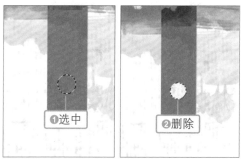

图 13-56

步骤 05 双击"图层 1"图层缩览图，打开"图层样式"对话框，在左侧单击"斜面和浮雕"样式，在右侧设置选项，❶在"样式"下拉列表框中选择"枕状浮雕"选项，❷输入"大小"为 6、"角度"为30，其他参数不变，如图 13-57 所示。

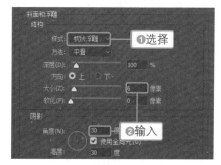

图 13-57

步骤 06 在左侧单击选择"内阴影"样式，在右侧设置选项，❶输入阴影"角度"为30，❷输入"距离"为 3，❸输入"大小"为 6，其他参数不变，如图 13-58 所示，设置完毕后单击"确定"按钮。

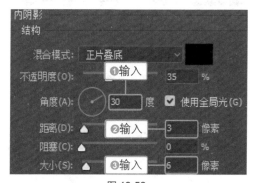

图 13-58

步骤 07 在图像窗口中查看应用设置的"斜面和浮雕""内阴影"图层样式的效果，如图 13-59 所示。

图 13-59

步骤 08 选中"图层 1"图层，按快捷键〈Ctrl+J〉，复制图层，得到"图层 1 拷贝"图层。按快捷键〈Ctrl+T〉，打开自由变换编辑框，❶将参考点移到镂空的小圆中心，❷然后将鼠标移到图像左上角，单击并拖动鼠标，旋转图像，如图 13-60 所示。

步骤 09 选中"图层 1"图层，再连续按快捷键〈Ctrl+J〉多次，复制出更多相同的图像，然后使用相同的方法，分别对每个图层中的图像进行旋转，得到展开的扇面效果，再把扇面图像移到画面中间，如图 13-61 所示。

图 13-60

图 13-61

步骤 10 隐藏除"背景"外的所有图层，打开"时间轴"面板，❶单击"创建视频时间轴"按钮旁的倒三角按钮▼，❷在展开的列表中单击"创建帧动画"选项，如图 13-62 所示。

步骤 11 单击"创建帧动画"按钮，切换到帧动画模式。单击"复制所选帧"按钮▣，复制得到第 2 个关键帧，如图 13-63 所示。

图 13-62

图 13-63

步骤 12 ❶单击帧缩览图下方的下三角按钮，❷在打开的下拉菜单中选择"0.1秒"选项，设置每帧的显示时间为 0.1 秒，如图 13-64 所示。

步骤 13 在"图层"面板中单击"图层 1"前方的"指示图层可见性"按钮◉，显示隐藏的"图层 1"图层，如图 13-65 所示。

图 13-64

图 13-65

步骤 14 在"时间轴"面板中可看到复制帧的缩览图显示为"图层 1"中的内容，如图 13-66 所示。

步骤 15 ❶单击"时间轴"面板底部的"复制帧"按钮，❷在"时间轴"面板中复制得到第 3 个关键帧，并显示该关键帧缩览图，如图 13-67 所示。

图 13-66

图 13-67

步骤 16 在"图层"面板中单击"图层 1 拷贝"图层前的"指示图层可见性"按钮，显示隐藏的"图层 1 拷贝"图层，如图 13-68 所示。

步骤 17 继续使用同样的方法，复制更多的关键帧，并通过依次显示图层，调整关键帧中显示的图像效果，完成扇面展开的动画，如图 13-69 所示。

图 13-68

图 13-69

步骤 18 完成帧动画的制作后，单击"时间轴"面板底部的"播放动画"按钮，就可以预览动画效果，如图 13-70 所示。

图 13-70

实例演练——创建切片并存储为 Web 所用格式

　　如果网页中的图像太大，网页的下载和显示将非常耗时，影响了用户的浏览体验。本实例应用"切片工具"将一张大图切割为多张小图，再存储为网页，用户打开网页时，多张小图会同时下载，可以明显提高网页的显示速度。创建的网页效果如图 13-71 所示。

素材文件	随书资源 \13\ 素材 \11.psd
最终文件	随书资源 \13\ 源文件 \ 创建切片并存储为 Web 所用格式 .psd、创建切片并存储为 Web 所用格式 .html

图 13-71

步骤 01 打开素材文件 11.psd，按住工具箱中的"裁剪工具"按钮不放，在展开的工具组中单击选择"切片工具"，如图 13-72 所示。

步骤 02 将鼠标移至画面上方，单击并拖动鼠标，绘制切片区域，如图 13-73 所示，释放鼠标后，根据拖动的范围创建切片。

图 13-72

图 13-73

步骤 03 运用同样的方法，继续在图像上进行切片的划分，得到更多的切片，如图 13-74 所示。

步骤 04 选择"切片选择工具"，❶单击切片 09 将其选中，❷单击选项栏中的"为当前切片设置选项"按钮，如图 13-75 所示。

图 13-74

图 13-75

步骤 05 打开"切片选项"对话框，❶在"名称"文本框中输入"马尔代夫美食"，❷在"URL"文本框中输入切片对应的链接地址，❸单击"确定"按钮，如图13-76所示。

图 13-76

步骤 07 打开"切片选项"对话框，❶在"名称"文本框中输入"旅游攻略"，❷在"URL"文本框中输入切片对应的链接地址，❸单击"确定"按钮，如图13-78所示。

步骤 08 继续使用同样的方法，为其他一些切片设置相应的链接。设置后执行"文件→导出→存储为 Web 所用格式（旧版）"菜单命令，打开"存储为 Web 所用格式"对话框，❶选择"JPEG 高"预设选项，❷单击"存储"按钮，如图13-79所示。

图 13-79

步骤 06 选择"切片选择工具"，❶单击页面右上角的切片11将其选中，❷单击选项栏中的"为当前切片设置选项"按钮，如图13-77所示。

图 13-77

图 13-78

步骤 09 打开"将优化结果存储为"对话框，❶选择文件存储位置，❷输入新的文件名，❸在"格式"下拉列表框中选择"HTML 和图像"选项，❹单击"保存"按钮，如图13-80所示。

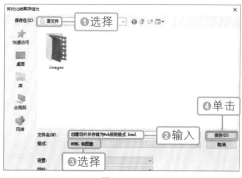

图 13-80

步骤 10 在弹出的提示框中单击"确定"按钮，完成 Web 图像的存储操作，在设置的目标文件夹中的 images 文件夹下可以看到网页中所有的切片图像，如图 13-81 所示。

步骤 11 ❶双击存储的 Web 文件，在系统默认浏览器中打开网页，❷单击已设置链接的图像，如图 13-82 所示。

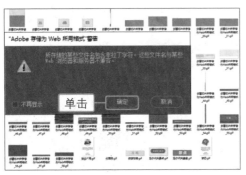

图 13-81

图 13-82

步骤 12 浏览器即会自动跳转到链接对应的网页中，效果如图 13-83 所示。

图 13-83